वाचनातून विज्ञान

डी.एस्. इटोकर

(राज्य पुरस्कारप्राप्त कलाशिक्षक)

मेहता पब्लिशिंग हाऊस

© +91 020-24476924 / 24460313

Email : info@mehtapublishinghouse.com
         production@mehtapublishinghouse.com
         sales@mehtapublishinghouse.com
Website : www.mehtapublishinghouse.com

◆ *या पुस्तकातील लेखकाची मते, घटना, वर्णने ही त्या लेखकाची असून त्याच्याशी प्रकाशक सहमत असतीलच असे नाही.*

VACHANATUN VIDNYAN by **D. S. ITOKAR**

वाचनातून विज्ञान / विज्ञान विषयक

डी. एस्. इटोकर

वॉर्ड नं. ७, राऊतवाडी, मु. पो. चिखली, जि. बुलढाणा.

© डी. एस्. इटोकर

प्रकाशक   : सुनील अनिल मेहता, मेहता पब्लिशिंग हाऊस,
                १९४१ सदाशिव पेठ, माडीवाले कॉलनी,
                पुणे – ४११०३०.

अक्षरजुळणी : एच्. एम्. टाइपसेटर्स, ११२०, सदाशिव पेठ, पुणे ४११०३०.

मुखपृष्ठ   : बाबू उडुपी

प्रकाशनकाल: सप्टेंबर, २००२ / सप्टेंबर, २००४ / डिसेंबर, २००७ /
                ऑक्टोबर, २०११ / पुनर्मुद्रण : जुलै, २०१५

ISBN for Printed Book 8177664980
ISBN for E-Book 9788184988109

''जगात सुंदर असे जर काही असेल तर ते म्हणजे
शास्त्रीय ज्ञान. एखाद्याला त्याच्या सर्व हयातभर विज्ञानाचा
अभ्यास करण्याची संधी प्राप्त झाली तर त्याला लाभलेली
ती एक अमोल अशी देणगीच म्हणावी लागेल.''

आईनस्टाईन

प्रस्तावना

श्री. डी. एस्. इटोकर, महाराष्ट्र राज्य शासन पुरस्कारित शिक्षक यांनी 'वाचनातून विज्ञान' हे पुस्तक अत्यंत सोप्या भाषेत सादर करून विज्ञानशास्त्राच्या दालनांमध्ये महत्त्वाचे पुष्प सादर केलेले आहे. या पुस्तकामध्ये एकूण ४३० घटनांवर त्यांनी प्रकाश टाकण्याचे प्रयत्न केलेले आहेत. दैनंदिन जीवनामध्ये आपण या घटना पाहतो. या घटनांकडे काणाडोळा करतो. असे का घडते? याचा ऊहापोह करण्याच्या भानगडीत पडत नाही. लेखकाने या घटनांकडे डोळस बुद्धीने विचार करून, वाचकांपर्यंत त्या घटनांची कारणमीमांसा पोहोचवली आहे. त्या घटनांना शास्त्रशुद्ध आधार दिलेला आहे.

या पुस्तकाचे महत्त्व विशद करताना त्यातील घटनांचे तीन विभाग येतील. १) सामान्य ज्ञान २) उपयुक्त व्याख्या ३) जिज्ञासा. या तीन विभागांमुळे हे पुस्तक सर्वसामान्य जनांना, विद्यार्थ्यांना व शास्त्रीय बुद्धी असणाऱ्या सर्वांना उपयुक्त ठरेल.

या पुस्तकात विज्ञानामधील सर्वच शास्त्रांचा कुठेतरी समावेश केलेला आहे. बुद्धिवान मनुष्य शास्त्रज्ञ कसा होतो, याचे उत्तम गमक म्हणजे, घटनांवर विचार करून, असे का? असे का? करता-करता विश्लेषणाचा एक एक पैलू खोदून शेवटपर्यंत जाणे म्हणजे एक नेत्रदीपक अंतिम सिद्धांत तयार होतो. तो सिद्धांत या भूतलावर 'नोबेल पारितोषिक' मिळवून देतो.

हे पुस्तक विद्यार्थ्यांना मित्र म्हणून उपयुक्त ठरून, बहुतेक स्पर्धापरीक्षांमध्ये त्यांना मोलाचे साह्य करू शकते.

श्री. डी. एस्. इटोकर हे आमच्या शिक्षक-वर्गाला एक भूषण आहेत. सदोदित शास्त्रीय माहिती मिळवून, तिचे संकलन करून, सोप्या भाषेमध्ये वाचकांच्या सेवेस सादर करीत असतात. त्याबद्दल त्यांचे कौतुक व अभिनंदन करणे माझे कर्तव्य समजतो. या उपक्रमात त्यांना भरपूर यश येवो, ही शुभेच्छा व्यक्त करतो.

जी. जी. बहाळे

B.E. (Hons.), M.E. (Elec),

संचालक : अनुराधा अभियांत्रिकी व औषधनिर्माण महाविद्यालय,

चिखली. जि. बुलढाणा

लेखकाचे मनोगत

विज्ञान विषयावरील हे माझे अकरावे पुस्तक. आतापर्यंतच्या पुस्तकात कृतिशीलतेला प्राधान्य देऊन निरनिराळ्या रचना कशा करायच्या याची माहिती दिली; पण कृतिशीलतेला ज्ञानाची जोड मिळाली म्हणजे प्राप्त झालेली माहिती एकांगी राहत नाही. ती परिपूर्ण होते. म्हणून मुद्दाम हे पुस्तक लिहिले आहे.

आपल्या सभोवती अनेक घटना घडत असतात. प्रत्येक घटना घडण्याजोगे काही ना काही तरी शास्त्रीय कारण असते. ते जर माहीत नसले तर ती घटना कशी घडली याचे गूढ कायम राहते. ते जाणून घेण्याची जिज्ञासा उत्पन्न होते. ही जिज्ञासा काही अंशी पूर्ण व्हावी हाच या लिखाणामागील उद्देश आहे.

पुस्तक उघडून कोणत्याही पानापासून वाचण्यास सुरुवात केली तरी चालते. रिकाम्या वेळी, प्रवासात किंवा विरंगुळा म्हणून जरी याचे वाचन केले तरी वाचकाच्या ज्ञानात भर पडेल अशी याची रचना केली आहे. वाचक शास्त्र विषयाचा असो किंवा नसो पण प्रत्येकाला यातील माहिती सहज समजेल अशा साध्या पद्धतीने लिखाण केले आहे. शास्त्रीय विषयात किंवा पाठ्य-पुस्तकात असणारी क्लिष्टता मुद्दाम टाळली आहे. त्यामुळे इयत्ता ५ ते १० वी पर्यंतच्या विद्यार्थ्यांना यात रूची वाटेल.

आवश्यकता असेल तेथे व माहिती सोपी व्हावी म्हणून आकृत्या काढल्या आहेत. म्हणून वाचकांच्या पसंतीस हे पुस्तक उतरेल असा विश्वास आहे.

मा. श्री. बहाळे साहेब, संचालक अनुराधा अभियांत्रिकी व फार्मसी महाविद्यालय चिखली यांनी माझे पुस्तक वाचून मोलाचे मार्गदर्शन केले. एक प्रकारे आपल्या आशिर्वादाचा वरदहस्तच माझ्या शिरावर ठेवला.

मेहता पब्लिशिंग हाऊसचे श्री. सुनील अनिल मेहता यांनी हे पुस्तक सर्वांग सुंदर होण्यासाठी जे कष्ट घेतले त्याबद्दल त्यांचे ऋणच माझ्यावर झाले आहे.

आपला,
डी.एस.इटोकर

१. ॲनिमेशन चित्रे कशाला म्हणतात ?

ॲनिमेशन तंत्रज्ञान याचा साधा मूलभूत अर्थ म्हणजे कुठल्याही निर्जीव चित्राला सिनेमाच्या पडद्यावर सजीव करून दाखविणे. यामध्ये कागदावर प्राण्यांची चित्रे किंवा कार्टून काढून त्यांना वास्तविक स्वरुपातील हालचाली किंवा अभिनय करावयास लावणे असा साधा, सरळ, सोपा अर्थ ॲनिमेशन चित्राचा होतो. एखाद्या हालचालीचे थोड्या थोड्या फरकाने खूप चित्रे काढतात. कॅमेऱ्याने ही चित्रे एका फिल्मवर चित्रीत केली जातात. ही क्रमवार असणारी चित्रे प्रोजेक्टरच्या सहाय्याने सिनेमाच्या पडद्यावर एका सेकंदाला १६ चित्रे ह्या वेगाने प्रक्षेपित केली म्हणजे पडद्यावर ती चित्रे हालचाल करताना दिसतात. एखादी छोटी गोष्ट सादर करावयाची असल्यास हजारो चित्रे काढावी लागतात.

२. अन्नसाखळी कशाला म्हणतात ?

वनस्पती दिवसा सूर्यप्रकाशाच्या मदतीने स्वतःचे अन्न तयार करतात. स्वतःचे अन्न स्वतः उत्पादन करीत असल्याने त्यांना उत्पादक म्हणतात. सूक्ष्म जंतू, कीटक, पक्षी, प्राणी, माणसे इ. सर्व सजीव स्वतःचे अन्न स्वतः निर्माण करू शकत नाहीत. अन्नासाठी ते वनस्पतीवर अवलंबून असतात. त्यामुळे त्यांना भक्षक म्हणतात. अन्नासाठी केवळ वनस्पतीवरच अवलंबून असणाऱ्या सजीवांना, 'तृणभक्षक' किंवा 'प्राथमिक भक्षक' म्हणतात. तृणभक्षक प्राण्यांना खाणारे 'मासांहारी प्राणी किंवा द्वितीयक भक्षक' म्हणून ओळखले जातात. तर 'द्वितीयक भक्षकांना खाणाऱ्या प्राण्यांना 'तृतीयक भक्षक' म्हणतात. सजीवांच्या मृत अवशेषावर जगणारे सूक्ष्म जीव हे अपघटक होत. हे सूक्ष्म जीव जंतू जैव घटक मृत पावल्यानंतर त्यांच्या शरीराचे विघटक म्हणून काम करतात. विघटनातून निर्माण झालेली द्रव्ये पाण्यात विरघळतात व पाण्याबरोबर जमिनीत मिसळतात. ही द्रव्ये वनस्पती मुळावाटे शोषून घेतात. अशा प्रकारे अन्नाचा प्रवास एका घटकाकडून दुसऱ्या घटकाकडे जात शेवटी पुन्हा पहिल्या उत्पादकापर्यंत होतो. या अन्नचक्रालाच अन्नसाखळी म्हणतात.

३. अभिसारी व अपसारी भिंग कशाला म्हणतात ?

ज्या भिंगातून प्रकाश किरणांचे अपवर्तन झाले असता जे एकमेकांजवळ येतात त्यांना अभिसारी भिंग म्हणतात. बहिर्वक्र भिंग हे अभिसारी भिंग होय.

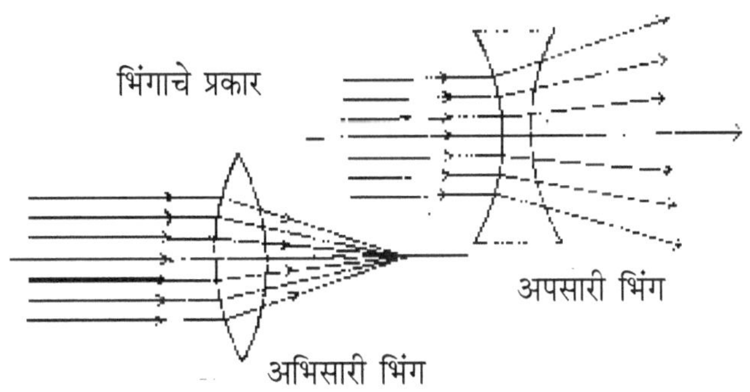

ज्या भिंगातून प्रकाश किरणांचे अपवर्तन झाले असता ते प्रकाशकिरण परस्परापासून दूर पसरविले जातात त्या भिंगाला अपसारी भिंग असे म्हणतात. अंतर्वक्र भिंग हे अपसारी भिंग असते.

४. अळूच्या पानाची भाजी खाताना घसा का खवखवतो ?

अळूच्या पानात कॅल्शियम ऑक्झॅलेटचे स्फटिक असतात. त्यांचा आकार पाकिटासारखा असतो व त्याची टोके सुईसारखी तीक्ष्ण असतात. भाजी गिळताना हे स्फटिक घशाला आतून घासले जातात व त्यामुळे आपला घसा खवखवतो.

५. डोळ्यामध्ये अश्रू का येतात ?

आपल्या डोळ्याच्या कडाखाली अश्रुग्रंथी असतात. त्यामध्ये अश्रू तयार होऊन नलिकाद्वारे ते डोळ्याच्या वरच्या भागाकडे नेल्या जातात. डोळ्याच्या प्रत्येक उघडझापेच्या वेळी थोड्या प्रमाणात अश्रू तयार होऊन त्यामुळे डोळा ओला ठेवला जातो. दुःखाच्या वेळी जास्त अश्रू तयार होऊन ते पाझरतात. तसेच जास्त हसल्याने चेहऱ्याच्या स्नायुंना ताण पडतो. स्नायुंच्या आकुंचनामुळे अश्रू बाहेर पडतात. कांदा चिरताना किंवा धुरामुळे सुद्धा डोळ्याच्या आवरणाचा दाह होतो. त्यावेळी डोळ्याला इजा पोहचू नये म्हणून डोळ्यात अश्रू येतात.

६. ॲक्युपंक्चर म्हणजे काय ?

ॲक्युपंक्चर म्हणजे मानवी शरीराला जडलेल्या विशिष्ट स्वरुपातील व्याधी, रोग इत्यादी शरीराच्या विवक्षित भागातील चेतनी अगर मज्जातंतू केंद्रावर सुया टोचून बरे करण्याची पद्धती होय. या उपचार पद्धतीचा अवलंब विशेष करून चीन देशात केला जात असल्याचे अलिकडेच उघड झाले आहे.

७. अग्निशामक उपकरणाचे कार्य कसे चालते ?

अग्निशामक उपकरण शंकुच्या आकाराचे असते. त्यामध्ये सोडियम बॉय कार्बोनेटचे द्रावण भरलेले असते. आतील छोट्या सिलबंद शिशीत सहंत सल्फ्युरिक ॲसिड ठेवलेले असते. उपकरण वापरण्याच्या वेळी खालची मूठ जमिनीवर आपटतात. त्यामुळे आतील आम्लाची शिशी फुटते व आम्ल सोडियम

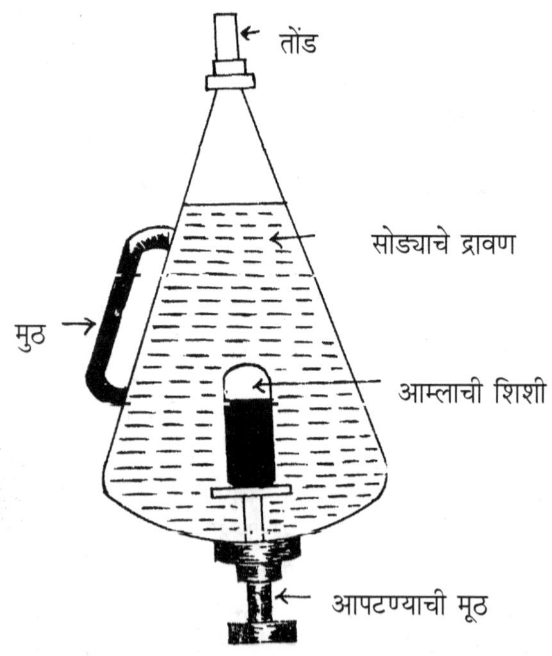

बॉय कार्बोनेटच्या द्रावणात मिसळते. या दोन रसायनात रासायनिक अभिक्रिया होऊन कार्बन-डॉय-ऑक्साईड वायू व पाणी तयार होते. हा वायू मिश्रणाच्या

वरच्या रिकाम्या जागेत जमा होऊ लागतो. त्यामुळे त्याचा द्रावणावरील दाब वाढतो. या दाबामुळे उपकरणाच्या वरच्या बाजूस असलेले बूच उडते व उपकरणाच्या तोटीतून मिश्रणाचा फवारा जोराने बाहेर पडतो. ह्या फवाऱ्यात बऱ्याच प्रमाणात पाणी असते. ह्या पाण्यामुळे व कार्बन-डॉय-ऑक्साईड वायुमुळे मोठी आग विझते.

८. अन्न पदार्थांचे मूळ घटक कोणते ? व त्यांचा उपयोग काय ?

अन्न पदार्थात पिष्टमय पदार्थ, स्निग्ध पदार्थ, प्रथिने, जीवनसत्त्वे, क्षार व पाणी यांचा समावेश होतो. पिष्टमय पदार्थाच्या विघटनातून ग्लुकोज निर्मिती होते. ग्लुकोजचा ऊर्जा निर्मितीसाठी उपयोग होतो. गरजेहून अधिक झालेल्या ग्लुकोजची ग्लायकोजेनच्या रूपात शरीरात साठवण होते. प्रथिनाच्या विघटनातून ऑमिनो ऑसिड तयार होतात. ऑमिनो ऑसिडचा शरीर संवर्धनासाठी आणि ऊर्जा निर्मितीसाठी उपयोग होतो. स्निग्ध पदार्थाच्या विघटनातून स्निग्ध आम्ले व ग्लिसरिन तयार होते. त्यांचा उपयोग ऊर्जा निर्मितीसाठी होतो. गरजेहून अधिक तयार झालेली स्निग्धाम्ले व ग्लिसरिन मेदाच्या स्वरुपात शरीरात साठवले जातात. जीवनक्रिया सुरळीत चालण्यासाठी जीवनसत्त्वे व क्षार महत्त्वाचे काम करतात.

९. अल्युमिनियमच्या चकचकीत कागदात गुंडाळलेले गरम खाद्य पदार्थ बराच वेळ गरम का राहतात ?

अल्युमिनीयम हा धातू उष्णतेचा सुवाहक आहे. पण चकचकीत अल्युमिनियमच्या कागदात गरम पदार्थ गुंडाळले म्हणजे पदार्थ उष्ण किरणे बाहेर सोडतात पण चकचकीत पृष्ठभागामुळे त्यांचे परावर्तन होते व ते पुन्हा त्याच पदार्थात घुसतात. अशा प्रकारे बाहेर जाणारी उष्णता थोपविली जाते व पदार्थ बराच वेळ गरम ठेवले जातात.

१०. अंगावर काटा येतो म्हणजे काय होते ?

मानवी शरीराच्या त्वचेवर लव असते. प्रत्येक केसाखाली एक अगदी सूक्ष्म स्नायू असतो व त्याला मज्जातंतूचे टोक जोडलेले असते. एकदम हवेत गारठा आला किवा कशाचे तरी भय वाटले तर मज्जातंतू, मेंदूला संदेश पाठवितात. हे संदेश सेकंदाच्या अत्यल्प वेळात परत येतात. त्यामुळे आकुंचन पावलेले स्नायू तसेच ताठर अवस्थेत राहतात. केसाभोवतीची त्वचा ओढली जाते. प्रत्येक केसाभोवती एक फुगवटा तयार होतो. केसाभोवती उब निर्माण व्हावी म्हणून शरीर ही क्रिया घडवून आणते.

११. अग्निवरील तापलेल्या हवेतून पाहताना पलिकडील वस्तू हलताना का दिसतात ?

प्रकाशकिरण एकाच माध्यमातून प्रवास करताना त्यांचा मार्ग सरळ असतो. जेव्हा माध्यमाची घनता बदलते त्यावेळी प्रकाश किरणाचा मार्ग बदलतो. अग्निवरील हवा बाजूच्या हवेपेक्षा गरम झाल्यामुळे विरळ होते व तिची घनता कमी होते. पलिकडच्या वस्तूपासून निघालेले प्रकाशकिरण गरम हवेतून साध्या हवेत येतात. व नंतर डोळ्यात त्यांची प्रतिमा तयार होते; पण अग्निवरील हवा वारंवार कमी जास्त घनतेची होत असल्याने प्रकाशकिरणांचा मार्गसुद्धा वारंवार बदलतो. त्यामुळे पलिकडील वस्तू आपणास हलल्यासारख्या वाटतात.

१२. अणकुचीदार खिळा लाकडात सहज का ठोकला जातो ?

खिळ्याला बारीक टोक असते. ते लाकडावर टेकवून त्याच्या मागील टोकावर हातोडीने आघात केला म्हणजे ते बल अणकुचीदार टोकावर एकत्र होते व खिळा लाकडात सहज घुसतो. या उलट जर खिळ्याचे टोक बोथट असेल तर हातोडीकडून प्राप्त झालेले बल बोथट पृष्ठभागावर विभागले गेल्याने त्याची तीव्रता कमी होते म्हणून बोथट खिळा लाकडात सहज घुसत नाही.

१३. अवजड सामान वाहून नेणाऱ्या ट्रकला चारपेक्षा जास्त चाके का असतात ?

अवजड सामान वाहून नेणाऱ्या ट्रकचे वजन मागील भागाकडे जास्त असते. त्या भागाकडे दोनच चाके असली तर एवढ्या वजनाचे बल कमी क्षेत्रफळावर विभागले जाईल व चाकावरील दाब जास्त वाढेल व टायर फुटतील;

म्हणून ट्रकच्या मागील बाजूस दोन-दोन चाकांची जोडी; किंवा चार-चार चाकांची जोडी बसविलेली असते. त्यामुळे अवजड सामानाच्या वजनाचे बल जास्त पृष्ठभागावर विभागले जाते व चाके फुटण्याचा संभव कमी होतो व त्यामुळे आणखी सुरक्षितता वाढते.

१४. अंधाऱ्या जागी पेटलेली उदबत्ती वेगाने गोल गोल फिरविली असता लाल वर्तुळ का दिसते ?

दृष्टिसातत्याच्या गुणधर्मामुळे एकदा उमटलेली प्रतिमा नष्ट होण्याच्या अगोदर जर डोळ्यात आणखी प्रतिमा उमटल्या तर त्या सर्वांची एकत्रित प्रतिमा डोळ्यात तयार होते. ह्या तत्वाने वेगाने पेटती उदबत्ती फिरवली असता ती अलग न दिसता सलग लाल वर्तुळ दिसते.

१५. अश्वशक्ती म्हणजे काय ?

एका सशक्त घोडा २५० किलोग्रॅम ओझे एका सेकंदात ३० सें. मी. अंतरापर्यंत नेऊ शकतो. म्हणजे तो एका सेकंदात ५५० फूट पौण्ड कार्य करतो. इतके कार्य करणाऱ्या यंत्राला एका अश्वशक्तीचे यंत्र म्हणतात. कोणतेही यंत्र एका सेकंदात जितके फूट पौंडल कार्य करते त्याला ५५० ने भाग देऊन येणारे गुणोत्तर ही त्या यंत्राची अश्वशक्ती होय.

$$\text{अश्वशक्ती} = \frac{\text{उचललेले वजन} \times \text{चाललेले अंतर}}{५५० \times \text{लागलेला वेळ}}$$

१६. अन्नधान्यामध्ये कीड कशी तयार होते ?

धान्य दीर्घकाळ साठविल्यास अनेक दाण्यांना भोके पडलेली दिसतात. त्यात पोरकीडे बारीक तपकिरी रंगाचे, लांबट तोंड असलेले सोंडे अथवा पांढऱ्या बारीक अळ्या आणि जाळीचे पुंजके दिसतात. या सर्व धान्य खाणाऱ्या कीटकाच्या प्रजाती असतात. हे सर्व कीटक धान्यातील पिठूळ पदार्थावरच जगतात व वाढतात. धान्यातील पिठूळ पदार्थ पोखरण्यासाठी दाण्यांना भोके पाडून आत शिरून पिठूळ पदार्थ फस्त करतात. आपण जेव्हा धान्य विकत घेतो तेव्हाच धान्यासोबत वरील कीटक अथवा त्यांच्या जीवनचक्रातील अंडी, अळ्या इत्यादी अवस्थामध्ये अगदी शेतकऱ्याच्या खळ्यावरून, गोदामातून अथवा दुकानातून

अल्प प्रमाणात येतात आणि अगदी थोड्या संख्येत आलेल्या या कीटकांचे झपाट्याने प्रजनन होऊन त्यांची संख्या प्रचंड होते. धान्य अगदी कडक वाळलेले नसल्यास तसेच साठवणुकीच्या पात्रात कीटकांना सुलभतेने प्रवेश मिळविता आल्यास कीटकांचे प्रमाण वाढते. यावर उपाय म्हणजे धान्य कडक वाळवूनच साठवणे, साठवणुकीची जागा कोरडी असून हवेशीर ठेवणे; तसेच मानवाला अपायकारक नसलेल्या कीटकनाशकांचा (रासायनिक धूमीकरण, बोरिक पावडर, कडुनिंबाचा पाला) वापर केल्याने धान्याचे सरंक्षण होते. गहू, डाळी यांना एरंडाचे तेल लावून ठेवल्याने फायदा होतो.

१७. आकाशात विजा चमकत असताना झाडाखाली उभे राहणे का धोक्याचे आहे ?

आकाशात जेव्हा विजा चमकतात त्यावेळी विद्युतभारित मोठमोठे ढग इकडे तिकडे फिरत असतात. जेव्हा त्यांच्यावर जमा झालेला विद्युतभार खूप वाढतो तेव्हा तो प्रभार दुसऱ्यांना देण्यासाठी ते ढग जवळच्या वस्तुकडे ओढले जातात. एखाद्या सपाट पटांगणावर उभे असलेले झाड जमिनीपेक्षा त्यांना जवळ असते व विद्युतभारित ढग झाडाच्या शेंड्याकडे ओढले जातात. झाडाच्या ओल्या खोडातून ढगावरील विद्युतप्रभार जमिनीत जोराने निघून जातो. ही घटना क्षणात घडते पण प्रभार मोठा असल्यामुळे तो ओल्या खोडातून वाहताना खूप उष्णता तयार होते व त्या उष्णतेने खोडातील पाण्याची वाफ होते. ही वाफ खोडाला फोडून जोराने बाहेर निघते व झाड नष्ट होते. ही क्रिया घडत असताना झाडाखाली एखादी व्यक्ती उभी असली तर तिला इजा होऊ शकते.

१८. आपणास ऐकू कसे येते ?

आपल्या चेहऱ्यावर दोन कान ठराविक अंतरावर असतात. बाहेर दिसणाऱ्या भागास कानाची पाळी म्हणतात. त्याच्या आत नाजूक अशी कानाची रचना असते. दोन्ही कानातून ध्वनीलहरी आत जातात. तेथे असलेली हवा व पडदा त्यामुळे कंप पावतो. त्याला कंप सुटला की त्याला जोडलेली लहान हाडाची साखळी कंप पावू लागते. त्यामुळे कानाच्या आतील शंखकृती पडदा व त्यावर बारीक केसाप्रमाणे असणाऱ्या पेशीही कंप पावतात. त्यांच्यामार्फत श्रुतीनस चाळवते. या नसेकडून मेंदूकडे आवाजाचा संदेश पाठविला जातो व आपणास आवाजाचे ज्ञान होते.

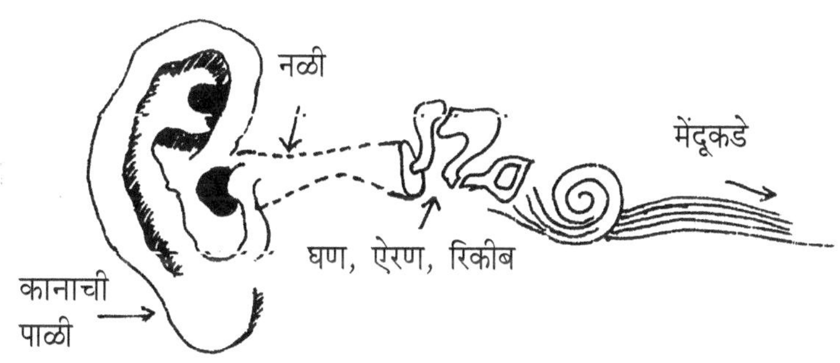

१९. आकाशगंगा म्हणजे काय ?

काळोख्या रात्री आकाशात अनेक तारकापुंजाचा एक मोठा दुधाळ पट्टा आकाशाच्या माध्यमातून साधारणत: दक्षिण-उत्तर दिशेने पसरलेला दिसतो. त्या पट्ट्याला आकाशगंगा असे म्हणतात.

२०. आपल्या आयुष्याच्या कालावधीत आपल्या हृदयाचे किती ठोके पडतात ?

माणसाचे सरासरी आयुष्य ७० वर्षांचे मानले तर एवढ्या काळात आपल्या हृदयाचे अडीचशे कोटी ठोके पडत असावेत. या काळात हृदयाने ६ कोटी १५ गॅलन रक्ताचे अभिसरण केलेले असते. हृदयात येऊन गेलेल्या रक्ताचे वजन दोन लक्ष २८ हजार टन इतके भरते; आणि रक्ताचे एखादे सरोवर तयार

केले तर त्याची लांबी १ मैल व रुंदी १५० फूट व खोली १० फूट इतकी होईल.

२१. काही प्राणी व त्यांची आयुर्मर्यादा

हत्ती	६० वर्षे सुमारे.	मांजर	२३ वर्षे सुमारे.
घोडा	५० वर्षे सुमारे.	कुत्रा	२२ वर्षे सुमारे.
पाणघोडा	४१ वर्षे सुमारे.	कासव	१५२ ते २०० वर्षे सुमारे.
गेंडा	४० वर्षे सुमारे.	गरूड	५५ वर्षे सुमारे.
अस्वल	३४ वर्षे सुमारे.	चिमणी	२३ वर्षे सुमारे.
माकड	२० वर्षे सुमारे.	पेलिकन	५१ वर्षे सुमारे.

२२. आगगाडीतून प्रवास करताना जवळच्या वस्तू मागे जातात व दूर असणारी झाडे गाडीच्याच दिशेने येत असल्याचा भास का होतो ?

वरील आभासाचे कारण पॅरॅलॅक्स होय. एखाद्या वस्तुचे दोन ठिकाणाहून निरीक्षण केले असता वस्तुच्या पार्श्वभूमीच्या संदर्भात ती सरकल्याचा भास होतो. हा भास धावणाऱ्या गाडीच्या बाहेर परंतु जवळ असणाऱ्या वस्तुंबाबत दूरवरील वस्तुपेक्षा अधिक प्रमाणात होतो. कारण पहिल्याच्या बाबतीत पराशय प्रमाण पॅरॅलॅक्स दुसऱ्याच्या तुलनेने पाहिले असता अधिक असते.

२३. आकाशात उंचावरून उडणाऱ्या पक्ष्याची सावली जमिनीवर का पडत नाही ?

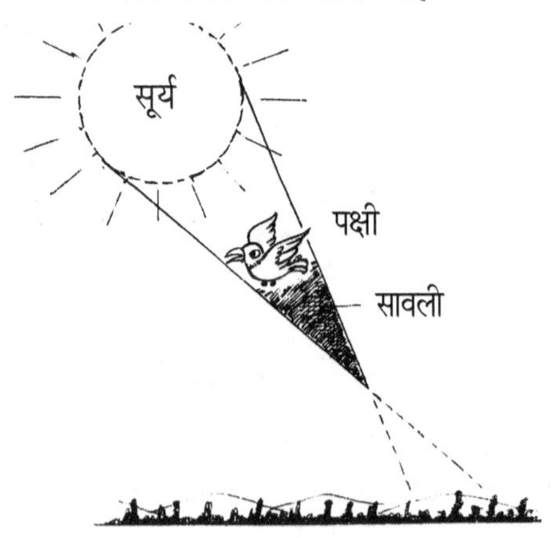

प्रकाशाचा स्रोत जर लहान असेल तर वस्तुची छाया मोठी पडते पण प्रकाशस्रोत मोठा असेल तर वस्तुची छाया त्या वस्तूपासून काही अंतरापर्यंत पडते व नंतर अदृष्य होते. पक्ष्यांच्या मानाने सूर्य खूप मोठा आहे. त्यामुळे पक्ष्याची सावली काही अंतरापर्यंत पडते पण पक्षी जमिनीपासून उंचावर असल्याने ती जमिनीवर पोहोचण्याच्या अगोदरच अदृष्य होते. एखादा पक्षी जमिनीजवळून उडत गेला तर त्याची सावली जमिनीवर पडलेली दिसते.

२४. थोडी इतर माहिती

पृथ्वीएवढे १३ लाख गोल मावतील एवढा सूर्य प्रचंड आहे. सूर्यापासून पृथ्वी १५ कोटी किलोमीटर दूर आहे. बुध सूर्याभोवती ८८ दिवसात तर पृथ्वी ३६५ दिवसात एक प्रदक्षिणा करते.

२५. आर्टेशियन विहिरीची रचना कशी असते ?

ज्यावेळी सच्छीद्र व अच्छिद्र खडकाची रचना खोलगट बशीसारखी असते. सच्छिद्र खडकाची एखादी बाजू भूपृष्ठापर्यंत असते त्यावेळी पावसाचे पाणी सच्छिद्र खडकातून झिरपते व खडक जलसंपृक्त बनतात व जलरेषा उंचावते. अशा वेळी भूपृष्ठापासून अच्छिद्र खडकावरील भू-जल पातळीपर्यंत छिद्र पाडल्यास

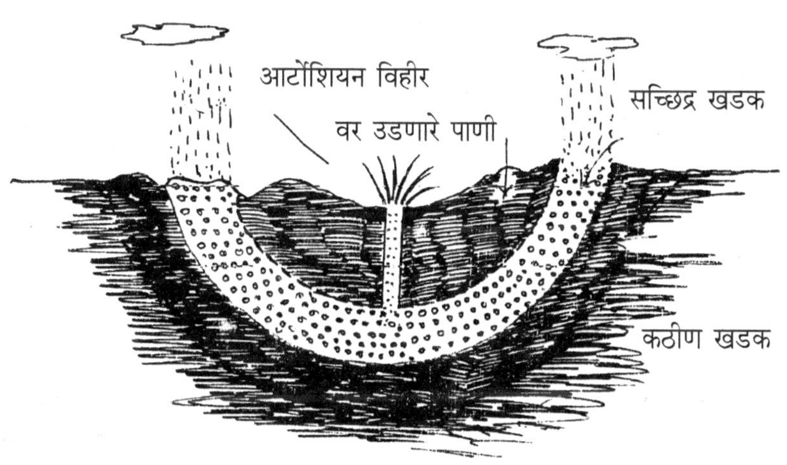

पाणी भूपृष्ठावर जलरेषेच्या पातळीपर्यंत उफाळून येते. यालाच आर्टेशियन विहीर म्हणतात.

२६. ऑईल स्लीक कशाला म्हणतात ?

हजारो टन तेल एकाच वेळी घेऊन जाणारी महाकाय तेलवाहू जहाजे जेव्हा अपघातात सापडतात तेव्हा त्या तेलाचा तवंग जवळपासच्या पाण्यावर तयार होतो. या तवंगास ऑईल स्लीक असे म्हणतात. या तवंगाने सागरी वनस्पती आणि सागरातील मासे, प्राणी यांचा मोठ्या प्रमाणावर नाश होतो.

२७. आकाशात अगोदर वीज चमकलेली दिसते व नंतर आवाज ऐकू येतो याचे कारण काय ?

आकाशात विजेचा गडगडाट व चमकलेला प्रकाश एकाच वेळी उत्पन्न होतात; पण त्यांचे अंतर आपणापासून बरेच दूर असते. प्रकाशाचा प्रवास करण्याचा वेग दर सेकंदाला २.९९८ × $१०^८$ मीटर आहे. ध्वनिचा वेग दर सेकंदाला ३३१.३ मीटर आहे. त्यामुळे विजेचा प्रकाश आपल्यापर्यंत लवकर येऊन पोचतो व ध्वनी उशिरा येऊन पोचतो.

२८. आईस्क्रीम तयार करताना गोठण मिश्रणाचा का उपयोग करतात ?

बर्फ व मीठ यांच्या योग्य प्रमाणातील मिश्रणाला गोठण मिश्रण म्हणतात. दुधाचा गोठणांक ०° c पेक्षा कमी असतो. नुसते बर्फ वापरून दूध गोठत नाही. म्हणून बर्फात मीठ मिसळले असता बर्फाचा द्रवणांक ०° c पेक्षा बराच कमी होतो. त्यामुळे दूध गोठविणे शक्य होते.

२९. आम्ल पाऊस कसा पडतो ?

बऱ्याच कारखान्यातून सल्फर-डाय-ऑक्साईड वायू बाहेर पडतो व हवेत मिसळतो. काही वेळा ह्या वायूची गळती होऊन मोठ्या टाक्यातील वायू हवेत मिसळतो. हवेत बाष्प म्हणजे पाणी असते. हा वायू पाण्यात विरघळून त्यापासून सल्फ्युरिक ऑसिड तयार होते. पावसाच्या रूपाने हे ऑसिड जमिनीवर पडते यालाच आम्ल पाऊस म्हणतात.

३०. आग विझविण्यासाठी पाणी का वापरतात ?

पेटत्या पदार्थांवर पाणी टाकले की पाण्याचे तात्काळ वाफेत रूपांतर होते. या प्रक्रियेत जळणारा पदार्थ आपल्या जवळची उष्णता गमावतो. म्हणजेच पेटत्या पदार्थांवर टाकलेले पाणी त्या पदार्थाकडून फार मोठ्या प्रमाणात उष्णता आपल्याकडे खेचून घेते. पाण्याचे वाफेत रूपांतर झाले की ती वाफ पेटत्या पदार्थांच्या सभोवताली असलेला फार मोठा प्रदेश व्यापून टाकतो. अशा प्रकारे जळणाऱ्या पदार्थांवर वाफेचे आवरण तयार होते. या आवरणामुळे आजुबाजूची ताजी हवा जळणाऱ्या पदार्थांपर्यंत पोहचू शकत नाही. त्यामुळे ऑक्सिजन न मिळाल्यामुळे पेटलेला पदार्थ विझतो.

३१. इडली-डोसा तयार करताना त्यात किण्वन क्रियेसाठी यीस्ट नावाचा पदार्थ का टाकत नाहीत ?

इडली-डोसा हे खाद्य पदार्थ सूक्ष्म जैविक किण्वन क्रियेतून तयार होतात. हे खाद्य पदार्थ तयार करण्यासाठी तांदूळ आणि उडीद डाळीचे भरड मिश्रण काही तास भिजत ठेवले जाते. या मिश्रणात पाव निर्मितीप्रमाणे बाहेरून सूक्ष्म जीव घातले जात नाहीत. तांदूळ आणि उडीद डाळीवर निसर्गतःच असलेल्या सूक्ष्म जीवामार्फित किण्वन क्रिया पार पाडली जाते. या क्रियेमध्ये सूक्ष्म जीवाद्वारे अन्न घटकांचे आंशिक अपघटन होते. त्यातून कार्बनी आम्ले, डाय ॲसेटोलसारखे पदार्थ आणि कार्बन-डाय-ऑक्साईड तयार होतात. आंबलेल्या पिठापासून इडल्या वाफवल्या जात असताना पिठात तयार झालेला कार्बन-डाय-ऑक्साईड वायू इडली बाहेर येतो. त्यामुळे इडली फुगीर होते. तशीच ती हलकी व सच्छिद्र होते. विशिष्ट कार्बनी पदार्थांच्या निर्मितीमुळे इडलीला उत्तम चव व गंध प्राप्त होतो. डोसा करण्यासाठी आंबवलेले पीठ तव्यावर भाजताना पिठातील कार्बन- डाय- ऑक्साईड बाहेर पडून डोसा जाळीदार होतो.

३२. विद्युतला 'इलेक्ट्रिसिटी' हे नाव कसे पडले ?

थेल्स नामक ग्रीक शास्त्रज्ञाने २५०० वर्षापूर्वी स्थितीक विद्युतचा अनुभव घेतला होता. पिवळ्या 'अंबर' नामक राळेचा दांडा ऊनी वस्त्रावर घासला की पक्ष्याची लहान लहान पिसे त्याकडे आकर्षिली जातात हे त्याने पाहिले होते. ग्रीक भाषेत अंबरला 'इलेक्ट्रॉन' म्हणतात. म्हणून अंबर दांडीवर निर्माण झालेल्या लक्षणाला 'इलेक्ट्रिसिटी' हे नाव दिले गेले.

३३. ऊर्जा म्हणजे काय ? ऊर्जेचे विविध प्रकार कोणते ?

एवाद्या पदार्थात कार्य करण्याची जी क्षमता असते तिला 'ऊर्जा' असे म्हणतात. तिचे प्रकार पुढीलप्रमाणे आहेत–

१) **यांत्रिक ऊर्जा–** A) स्थितीजन्य ऊर्जा.

B) गतिजन्य ऊर्जा.

A) **स्थितीजन्य ऊर्जा–** घड्याळातील गुंडाळलेल्या स्प्रींगमधील स्थितीजन्य ऊर्जेमुळे घड्याळातील चाके फिरतात व कार्य घडून येते.

B) **गतिजन्य ऊर्जा–** लोखंडी हातोडीतील गतिजन्य ऊर्जेमुळे खिळा लाकडात किंवा भिंतीत ठोकला जातो.

२) **उष्णता ऊर्जा–** या ऊर्जेमुळे वाफेची इंजिने चालतात.

३) **प्रकाश ऊर्जा–** या ऊर्जेमुळे प्रकाश संश्लेषणाची क्रिया घडते.

४) **चुंबकीय ऊर्जा–** या ऊर्जेमुळे यारीच्या (क्रेनच्या) सहाय्याने अवजड लोखंडी वस्तू उचलून ठेवता येतात.

५) **विद्युत ऊर्जा–** या ऊर्जेमुळे अनेक यंत्रे, पंखे, मोटारी चालतात.

६) **रासायनिक ऊर्जा–** या ऊर्जेमुळे स्फोटक द्रव्याचे स्फोट घडून येतात.

३४. उपग्रह अवकाशात सोडताना उलटी गणना का करतात ?

कोणताही उपग्रह रॉकेटद्वारे प्रक्षेपित करण्यापूर्वी त्या रॉकेटमधील सर्व यंत्रणा योग्य काम करीत आहे की नाही हे तपासून पाहणे आवश्यक असते. एखादी लहानशी त्रुटी देखील संपूर्ण रॉकेट नष्ट करण्यास पुरेशी ठरू शकते. म्हणून तंत्रज्ञ मंडळी रॉकेट सोडण्यापूर्वी त्याच्या प्रत्येक बारीकसारीक पैलूची काटेकोर तपासणी करतात.

या प्रक्रियेच्या काळात प्रत्येक टप्प्याला किंवा पैलुला एक विशिष्ट नंबर दिला जातो आणि नंतर सुरू होते ती उलटी गणना. सर्वात शेवटी ही गणना जेव्हा शून्य ह्या आकड्यापर्यंत पोचते तेव्हा हे निश्चित होते की रॉकेटची सर्व तपासणी पूर्ण झाली असून ते आता सुटण्याच्या तयारीत आहे. या दरम्यान जर रॉकेटमध्ये एखादी त्रुटी आढळली तर ही गणना मध्येच थांबविली जाते; परंतु जर शून्यापासून गणना सुरू करण्यात आली तर हे समजणे मुश्कील होऊन बसेल की रॉकेटच्या संपूर्ण यंत्रणेची तपासणी पूर्ण झाली आहे अथवा नाही.

उलटी गणना केल्याने शून्यापाशी गणना थांबते व त्यामुळे संपूर्ण यंत्रणा निर्दोष असल्याची खात्री पटते. उलट्या गणनेचा अर्थच हा असतो की आम्ही

एकेक त्रुटी काढून टाकीत आहोत व अशा एका स्थितीकडे जात आहोत की जेथे कोणतीही त्रुटी शिल्लक राहत नाही.

३५. उकळत्या पाण्यापेक्षा वाफेचा चटका अधिक तीव्र का असतो ?

उकळत्या पाण्याचे व वाफेचे तापमान १००°C असले तरी एक ग्रॅम उकळत्या पाण्यात १०० कॅलरी उष्णता असते. त्याच एक ग्रॅम पाण्याच्या वाफेत १०० + ५३७.५ = ६३७.५ कॅलरी उष्णता असते. कारण पाण्याचे वाफेत रूपांतर होताना प्रत्येक ग्रॅम पाण्याला ५३७.५ कॅलरी उष्णता द्यावी लागते. एक ग्रॅम पाण्याचे आकारमान एक घ. सें. मी. असते. तर एक ग्रॅम वाफेचे आकारमान १६०० घ. सें. मी. असते. वाफेत पाण्याच्या साडेसहा पट उष्णता असल्याने वाफेचा चटका अधिक तीव्र असतो. होणारी जखम ही तीव्र व बराच काळ टिकणारी असते.

३६. उन्हाळ्यात सायकलच्या चाकात हवा कमी का भरतात ?

उन्हाळ्यात हवेचे तापमान बरेच वाढलेले असते. त्यामुळे सर्वच वस्तू गरम होत असतात. सायकलचे चाक, टायर, ट्युबमधील हवासुद्धा गरम होते. जर ट्युबमध्ये अगोदरच जास्त हवा भरलेली असेल तर ती प्रसरण पावेल. प्रसरण पावल्यामुळे ट्युबमध्ये तिचा दाब वाढेल. त्या दाबामुळे सायकलच्या चाकाची ट्यूब फुटण्याची शक्यता असते. म्हणून त्यात अगोदरच कमी हवा भरतात.

३७. उष्णतेचे संक्रमण कसे होते ?

उष्णतेचे संक्रमण उच्च तापमानाच्या पदार्थांकडून कमी तापमानाच्या पदार्थांकडे होते. दोन पदार्थांच्या तापमानातील फरकावर उष्णतेचे संक्रमण अवलंबून असते. तापमानातील फरक जितका अधिक तितके संक्रमण त्वरेने होते. स्थायू (घनपदार्थ) मध्ये उष्णतेचे संक्रमण वहनाने होते. काही स्थायू उष्णतेचे सुवाहक असतात तर काही दुर्वाहक असतात. द्रव आणि वायू पदार्थांमधून उष्णतेचे संक्रमण प्रक्रमणाद्वारे होते. उच्च तापमानाच्या पदार्थांमधून उष्णतेचे सतत प्रारण होत असते. त्यासाठी त्याला कोणत्याही माध्यमाची गरज नसते.

३८. उडणारी खार कशी असते ?

उडणारी खार सुमारे ३० मीटर लांब उडी मारू शकते. उडणाऱ्या खारीच्या पायाच्या दरम्यान पातळ त्वचेचा पडदा असतो. खार उडी मारताना आपले

उडणारी खार : १५० फुटापर्यंत तरंगत जाऊ शकते.

दोन्ही पाय ताणून पसरते. त्यावेळी दोन पायातील पातळ त्वचेचा उपयोग पॅराशुटप्रमाणे होतो. त्यामुळे खार हवेत तरंगू शकते. ती निशाचर प्राणी असून तिला काळोखामध्ये उत्तम दिसते. या खारी भिमाशंकर येथे आढळतात.

३९. उन्हाळ्याच्या दिवसात आपल्या शरीरातून घामाच्या धारा का निघतात ?

उन्हाळ्याच्या दिवसात अंगातून घामाच्या धारा निघाल्याने आपण अस्वस्थ होतो. आपल्या शरीराचे तापमान ९८.४ फॅ. इतके रहावे अशी निसर्गाची योजना आहे. भोवतालचे तापमान वाढले की शरीराचे तापमान वाढू लागते. तसे होऊ नये म्हणून घाम येण्याची युक्ती शरीराची आहे. घाम आल्यावर त्याची वाफ होऊ लागते. ती होण्यासाठी शरीरातील उष्णता खर्ची पडते आणि त्यामुळे शरीराचे तापमान खाली येते व आपणास गार वाटते.

४०. उन्हाळ्यात जंगलात वणवा का पेटतो ?

उन्हाळ्यात जंगलाचे तापमान वाढलेले असते. जंगलात वाळलेली झाडे

असतात. ती झाडे व फांद्या गरम होतात. वारा सुटला म्हणजे ह्या फांद्या एकमेकांवर जोरजोराने घासतात. आधीच गरम असलेल्या फांद्या घर्षणाने आणखी गरम होतात व पेट घेतात. ही आग जंगलात पसरू लागते. जंगलातील गवत व झाडे पेटल्याने जंगल पेटते म्हणून जंगलात वणवा भडकतो.

४१. उंटाच्या पाठीवर ककुद असण्याचे कारण काय ?

उंटाचा उपयोग वाळवंटात सवारीसाठी, माल वाहून नेण्यासाठी तसेच गाडी ओढण्यासाठी होतो. वाळवंटात प्रवास करताना अनेक अडचणी येतात. त्यामुळे बरेच वेळा वेळेवर खायला मिळत नाही व उपाशी रहावे लागते. उंटाच्या

पाठीवर असलेल्या ककुदात स्निग्ध पदार्थाच्या स्वरुपात अन्नसाठा असतो. ह्या अन्न साठ्यावर उंट खायला मिळाले नाही तरी काही दिवस जिवंत राहू शकतो.

४२. उंच इमारतीचा पाया जास्त रुंद का ठेवतात ?

इमारतीच्या पायावर संपूर्ण इमारतीचे वजन कार्य करते. पाया जास्त रुंद ठेवल्यास इमारतीचे वजन जास्त क्षेत्रफळावर कार्य करते. त्यामुळे इमारतीच्या वजनाने निर्माण झालेला दाब जास्त क्षेत्रफळावर विभागला जातो. त्यामुळे पाया खचण्याची भीती राहत नाही. म्हणून उंच इमारतीचे प्रचंड वजन सहन करण्यासाठी तिचा पाया जास्त रुंद ठेवावा लागतो.

४३. उत्तर भारतातील नद्यांना बाराही महिने पाणी का असते ?

उत्तर भारतात पावसाळ्यात पाऊस पडतो. त्यामुळे नद्यांना पाणी असते. हेच पाणी हिवाळ्यातसुद्धा असते. पाऊस पडणे बंद झाल्यावर नद्यांचे पाणी कमी होऊ लागते. नेमका त्याच वेळी उन्हाळा सुरू होतो. त्या उष्णतेने हिमालयातील बर्फ वितळू लागतो. उत्तर भारतातील सर्व नद्या हिमालय पर्वतात उगम पावत असल्याने बर्फाचे पाणी ह्या नद्यात येते म्हणून उन्हाळ्यातसुद्धा त्या नद्यांना भरपूर पाणी असते.

४४. उष्णतेचे स्थानांतर किती प्रकारांनी होते ?

उष्णता एका ठिकाणाहून दुसऱ्या ठिकाणी जाण्याच्या क्रियेला उष्णतेचे स्थानांतर म्हणतात. ते तीन प्रकारांनी होते–

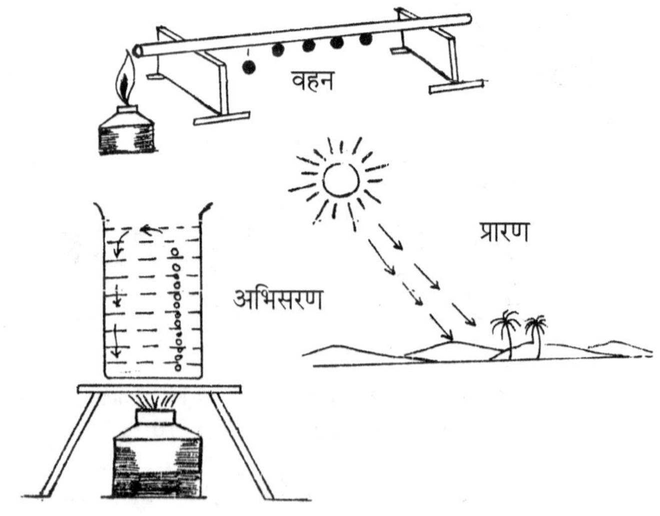

A) वहन– माध्यमाच्या कणांचे स्थानांतरण न होता माध्यमाच्या उष्ण भागाकडून थंड भागाकडे होणाऱ्या उष्णतेच्या स्थानांतरास वहन म्हणतात. लोखंडी गजाचे एक टोक तापविले असता पुढे पुढे सरकत जाऊन दुसरे टोक तापते. मुख्यतः स्थायू (घन) पदार्थात ही क्रिया घडते.

B) अभिसरण– जेव्हा उष्णतेच्या स्थानांतरणामध्ये माध्यमाचे कण उष्ण भागाकडून थंड भागाकडे उष्णता वाहून नेतात तेव्हा त्याला अभिसरण म्हणतात. उष्णतेचे अभिसरण द्रव व वायुरूप पदार्थात होते. गरम झालेले पाणी वर जाते. गरम झालेली हवा वर जाते.

C) प्रारण– विद्युत चुंबकीय तरंगाच्या स्वरुपात होणाऱ्या व माध्यमाची आवश्यकता नसलेल्या स्थानांतरणास प्रारण म्हणतात. पृथ्वीचे वातावरण व सूर्य यामध्ये निर्वात प्रदेश असूनसुद्धा उष्णतेच्या प्रारणामुळे आपणास सूर्याची उष्णता प्राप्त होते.

४५. उष्णतेच्या अभिसरणामुळे खारे वारे व मतलई वारे कसे तयार होतात ?

दिवसा समुद्रापेक्षा जमीन अधिक तापते. त्यामुळे जमिनीवरील तप्त हवा प्रसरण पावून हलकी होते व वर जाते. त्या हवेची जागा थंड असलेली समुद्रावरची हवा घेते. त्यामुळे दिवसा समुद्राकडून जमिनीकडे वारे वाहतात. या वाऱ्यांना खारे वारे म्हणतात.

रात्रीच्या वेळी जमीन लवकर थंड होते पण समुद्राचे पाणी मात्र त्या मानाने उबदार असते. याचे कारण असे की जमिनीपेक्षा पाण्याला थंड होण्यास जास्त वेळ लागतो. त्यामुळे समुद्रावरील हवेचे तापमान जमिनीवरील हवेच्या तापमानापेक्षा जास्त असते. परिणामी समुद्रावरील हवा प्रसरणामुळे हलकी होऊन वर जाते व तिची जागा जमिनीवरची थंड हवा घेते. त्यामुळे रात्री जमिनीकडून समुद्राकडून वारे वाहतात. या वाऱ्यांना मतलई वारे म्हणतात.

४६. उंच भांड्यातील पाणी तापविणे सुरू असताना वरचे पाणी अगोदर का गरम होते ?

उंच भांड्यात पाणी तापविताना विस्तव जरी खालच्या बाजूने लावलेला असला तरी वरचे पाणी अगोदर तापते कारण पाणी तापत असताना त्यात अभिसरण प्रवाह तयार होतात. विस्तवाने खालचे पाणी तापले की ते इतर थंड पाण्याच्या मानाने हलके होते व वर जाते. त्याची जागा भरून काढण्यासाठी

आजुबाजूचे थंड पाणी तेथे येते. ते सुद्धा गरम झाले की वर जाते. अशा प्रकारे पाण्याच्या वरच्या पृष्ठभागावर गरम पाण्याचा थर जमा होत जातो. ह्या थराच्या मानाने तळाशी असलेले पाणी कमी गरम असते. पाणी तापते खालच्या बाजूला व अभिसरणाने जमा होते वरच्या पृष्ठभागावर. त्यामुळे वरचे पाणी अगोदर तापले आहे असे वाटते.

४७. उजव्या हाताचा नियम कोणता ?

आपल्या उजव्या हातात एक पेन्सील उभी धरलेली आहे अशी कल्पना करा. अंगठा वरच्या दिशेने ताठ उभा व बाकी चार बोटे पेन्सिलीभोवती गुंडाळलेली आहेत अशी कल्पना करून अशा अवस्थेत अंगठा विद्युत धारेची

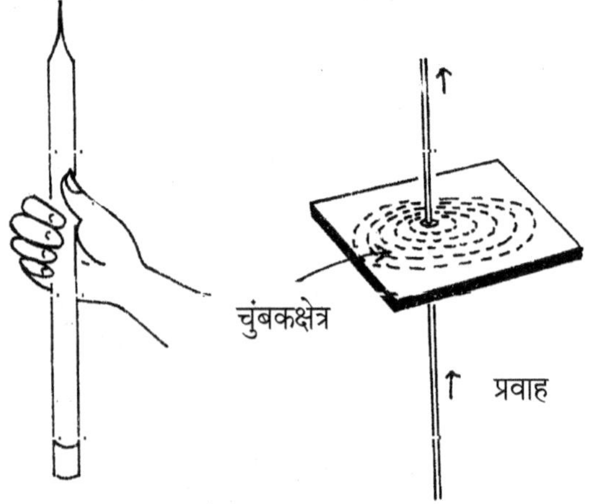

दिशा दाखवितो आणि लपेटून ठेवलेल्या बोटाच्या दिशेने चुंबकीय क्षेत्र कार्य करते.

४८. ऊर्जेची रूपे कोणती आहेत ?

i)   यांत्रिक ऊर्जा– किल्लीचे घड्याळ, किल्लीचे खेळणे.
ii) उष्णता ऊर्जा– वाफेचे इंजिन.
iii) विद्युत ऊर्जा– टार्च सेलवर चालणारी खेळणी.
iv) प्रकाश ऊर्जा– फोटो फिल्मवर परिणाम.
v)   चुंबकीय ऊर्जा– होकायंत्र.
vi) ध्वनी ऊर्जा– स्फोटामुळे काचा फुटतात.
vii) रासायनिक ऊर्जा– फटाका.

४९. ऊर्जा अक्षयतेचा नियम कोणता ?

''ऊर्जा निर्माण करता येत नाही व नष्ट करता येत नाही. तिचे एका प्रकारातून दुसऱ्या प्रकारात रूपांतर करता येते. तथापि विश्वातील एकूण ऊर्जा सदैव अक्षय राहते.'' उदा. मेणबत्ती पेटवून प्रकाश उत्पन्न केला जातो. तेव्हा नवीन ऊर्जा उत्पन्न होत नाही. केवळ मेणातील रासायनिक ऊर्जेचे रूपांतर प्रकाश ऊर्जेमध्ये होते. जलविद्युत केंद्रामध्ये वीज तयार होते ती केवळ उंचावरील पाण्यातील स्थितीज ऊर्जेचे गतीज ऊर्जेमध्ये व गतीज ऊर्जेचे विद्युत ऊर्जेमध्ये रूपांतर होऊन बनते. टेलिफोनमध्ये ध्वनी ऊर्जेचे रूपांतर विद्युत ऊर्जेत व विद्युत ऊर्जेचे पुन्हा ध्वनी ऊर्जेत रूपांतर होते.

५०. उन्हाळ्यात बाष्पीभवनामुळे शरीराचे तापमान कायम कसे ठेवले जाते ?

उन्हाळ्यात आपल्या शरीराच्या कातडीच्या छिद्रातून बाहेर पडणाऱ्या घामाचे त्वरित बाष्पीभवन होते. या क्रियेत शरीरातून काही उष्णता काढून घेतली जाते. त्यामुळे शरीराचे तापमान वाढत नाही.

५१. उंच टेकडीच्या माथ्यावर जाण्यासाठी बांधलेले रस्ते कमी चढ असलेले व वळणावळणाचे का असतात ?

घाटातील रस्ते चढ कमी ठेवल्यामुळे रस्त्याची लांबी वाढवावी लागते. घाटामुळे कमीत कमी जागेत जास्तीत जास्त लांब रस्ते बनवावे लागत असल्याने ते वळणावळणाचे करावे लागतात. त्यामुळे कमी शक्तीची वाहनेसुद्धा टेकडीच्या

घाटवळणाचा रस्ता

माथ्यापर्यंत जाऊ शकतात. टेकडीच्या पायथ्यापासून माथ्यापर्यंत सरळ रेषेत रस्ता तयार केल्यास अंतर व वेळ यात खूप बचत होईल पण चढ एवढा जास्त असेल की केवळ शक्तीमान वाहनेच टेकडीच्या माथ्यापर्यंत पोचू शकतील.

५२. उकळत्या पाण्याला उष्णता दिली तरी त्याचे तापमान का वाढत नाही ?

पाण्याचा उत्कलन बिंदू १००° सें. आहे. एकदा पाणी उकळू लागले की त्यानंतर दिलेल्या उष्णतेचा उपयोग अवस्थांतरासाठी म्हणजे पाण्याचे वाफेत रूपांतर करण्यासाठी होतो. म्हणून उकळत्या पाण्याला उष्णता दिली तरी त्याचे तापमान वाढत नाही.

५३. उंच पर्वतावर चढताना कधी कधी चढणाऱ्याच्या नाकातून रक्तस्त्राव का होतो ?

उंच पर्वतावर हवेचा दाब कमी असतो. जमिनीवरील हवेचा दाब सहन करील एवढा दाब शरीरातील रक्तवाहिन्यांचा असतो. तेवढ्या दाबाने शरीरात रक्त वाहत असते. उंच पर्वतावर गेल्यावर हवेचा दाब कमी होतो. शरीरातील दाब कायम असतो. त्यामुळे रक्तवाहिन्या फुगतात. नाकातील रक्तवाहिन्या नाजूक असतात. त्यांना दाब सहन न झाल्याने त्या फुटतात व नाकातून रक्तस्त्राव सुरू होतो.

५४. उन्हाळ्यात म्हशींना पाण्यात जास्त वेळ बसणे का आवडते ?

म्हशींचा रंग काळा असतो. हा रंग उष्णता शोषक असल्याने म्हशींना उन्हाचा फार त्रास होतो. ह्या त्रासापासून वाचण्यासाठी व आपले शरीर थंड

ठेवण्यासाठी नदीतील किंवा तलावातील थंड पाण्यात डुंबत राहणे म्हशींना अतिशय आवडते.

५५. उन्हाळ्यात मातीच्या माठातील पाणी थंड का होते ?

मातीचे भांडे सच्छिद्र असते. त्यात पाणी भरले असता ते झिरपून माठाच्या बाहेरच्या पृष्ठभागावर पसरते. हे पसरलेले पाणी हवेमुळे बाष्पीभवन होऊन हवेत मिसळते. बाष्पीभवनासाठी लागणारी उष्णता माठातील पाण्यातून घेतली जाते. पुन्हा माठातील पाणी झिरपून माठावर पसरते. पुन्हा त्याचे बाष्पीभवन होते. बाष्पीभवनासाठी लागणारी उष्णता पुन्हा माठातील पाण्यातून घेतली जाते. हीच क्रिया वारंवार होत असल्याने माठातील पाणी थंड होत जाते.

५६. एखाद्या तारेतून विद्युतधारा जात असताना ती तार का तापते ?

तारेतून इलेक्ट्रॉनचा प्रवाह वाहणे म्हणजेच विद्युतधारा वाहणे हे होय. तारेतून विद्युतधारा वाहत असताना या गतिमान इलेक्ट्रॉनचा तारेतील कंपायमान अवस्थेत असलेल्या अणूवर व आयनावर सतत आघात होतो. त्यामुळे इलेक्ट्रॉनमधील काही गतीज ऊर्जा तारेतील अणूंना व आयनांना मिळून त्याचा आयाम वाढतो व ती तार तापून गरम होते.

५७. एल. पी. जी. गॅस म्हणजे काय ?

एल. पी. जी. म्हणजे लिक्विफाईड पेट्रोलियम गॅस किंवा द्रवरूप पेट्रोलियम वायू होय. यात मुख्यत: ब्युटेन व आयसो ब्युटेन हे वायूरूप हायड्रोकार्बन असतात. नॅचरल गॅस थंड करून त्याच्या भागशः उर्ध्वपातनाने किंवा पेट्रोलियमच्या भागशः उर्ध्वपातनाने एल. पी. जी. मिळतो. हा वायू उच्च दाबाखाली द्रवरूप स्थितीत लोखंडी टाक्यातून घरगुती वापरासाठी पुरवितात. टाकीची झडप उघडली म्हणजे दाब कमी झाल्यामुळे हा वायू वायुस्थितीत बाहेर पडतो.

५८. ओझोनचा थर कसा असतो ?

पृथ्वीच्या पृष्ठभागापासून अंदाजे १६-२३ कि. मी. उंचीवर 'ओझोन' या ऑक्सिजनच्या अपरूपाचा बनलेला हवेचा थर आहे. पृथ्वीच्या पृष्ठभागापासून १६ किलोमीटर उंचीच्या वर सूर्याचे किरण हवेतील ऑक्सिजनचे रूपांतर

ओझोन मध्ये करतात. यामुळे या उंचीवर सुमारे २ ३ कि. मी. उंचीपर्यंत हवेतील ओझोनचे प्रमाण वाढत जाते. या भागात ओझोनचा थर सर्वांत जाड असतो. सूर्य किरणांमध्ये मनुष्याला अपायकारक असलेले अतिनील किरण (अल्ट्रा-व्हॉयलेट रेज) ओझोन वायू शोषून घेतो. त्यामुळे ते पृथ्वीवर पोचत नाहीत. म्हणून ओझोनचा थर मानवाला उपकारक आहे.

५९. कमळाचे पान जलाशयावर का तरंगते ?

कमळाच्या पानाचे देठ लांब असते व त्याच्या उतीत खूप पोकळ्या असतात. या पोकळ्यात हवा साठलेली असते. त्यामुळे कमळाचे पान जलाशयावर

तरंगते. कमळाच्या पानावर मेणासारखा तेलकट थर असतो. त्यामुळे त्याच्या पृष्ठभागावर जमा झालेले पाणी ओघळून जाते.

६०. कापूर जळताना ज्योत दिसते पण कोळसा जळताना ज्योत का दिसत नाही ?

ज्या इंधनात जळणारा पदार्थ बाष्पनशील आहे असे इंधन जळताना ज्योत मिळते. कापरामधील ज्वलनशील पदार्थास उष्णता मिळताच त्याचे वायूत रूपांतर होते व तो जळत असताना ज्योत मिळते; परंतु कोळशात बाष्पनशील पदार्थ नाही म्हणून कोळसा जळताना ज्योत मिळत नाही.

६१. कीटक कसे गुणगुणतात ?

आपणास बेचैन करणारा किर्रर्... आवाज, डासांचे गुणगुणणे, भुंग्याचे गुंजन खूप वेळा ऐकले आहे. या कीटकांना तर गळा नाही. मग आवाज येतो कसा ? कीटकाचा जो आवाज आपणास ऐकायला येतो तो त्यांचा एक अवयव

दुसऱ्या अवयवावर घासल्यामुळे तर; नाकतोड्यामध्ये शेवटच्या मोठ्या पायावरील उंचवट्यावर पंखांची कडा घासली जाते व त्यातून आवाज येतो. काही कीटकांमध्ये ड्रमसारखे अवयव असून त्याला आतून स्नायू जोडलेला असतो. त्यामुळे ते मागे-पुढे ओढले जाते व त्यामुळे आवाज उत्पन्न होतो. काही कीटक श्वसनासाठी हवा आत घेणे व बाहेर ढकलणे अशा क्रिया करतात. यातूनही गुणगुणण्यासारखा आवाज येतो. आवाज कशामुळे उत्पन्न होतो हे तपासणे शक्य झाले तरी त्याबद्दल अधिक संशोधन झालेले नाही.

६२. क्रिकेटचा बॉल कसा बनविला जातो ?
त्याचे वजन किती असते ?

क्रिकेटचा बॉल हा प्रामुख्याने 'विलो' जातीच्या झाडाच्या लाकडापासून बनतो. यामध्ये प्रथम कारखान्यात लाकूड तासून त्याला गोलाकार दिला जातो. नंतर लाकडाच्या थोड्या मोठ्या आकाराच्या अर्धगोलात सुतळीने गुंडाळलेला लाकडाचा गोल घट्ट बसविला जातो व दोन्ही अर्धगोलाच्या कडेला एका विशिष्ट प्रकारच्या धाग्याने दोन, चार किंवा सहा शिवणी घातल्या जातात. अशा प्रकारे चेंडू तयार झाल्यावर त्यास 'पॉलीश' करण्यात येते. अशा चेंडूचा आकार (परिघ) साधारण १३-१६ इंच ते ९ इंचापर्यंत असून त्याचे वजन ५.१ औंस असते. त्यानंतर ह्या चेंडूस अनेक शास्त्रीय कसोट्यातून जावे लागते.

६३. काठीने धोपटल्यास किंवा झटकल्यास कपड्यावरची
धूळ का निघून जाते ?

एखाद्या वस्तुवर कोणताही बाह्यप्रेरक कार्य करीत नसेल तर मुळची स्थिती कायम ठेवणे हा प्रत्येक वस्तुचा गुणधर्म असतो. ह्या जडत्वाच्या नियमाला अनुसरून काठीने धोपटल्याने कपड्यावर प्रेरक कार्य केले जाते. त्यामुळे तो कपडा आपल्या मूळ स्थितीपासून दूर लोटला जातो; परंतु त्याच वेळी कपड्यावरील धुळीकणावर काडीमुळे प्रेरक कार्य घडत नसल्याने ते तेथेच मूळ स्थितीत राहतात. म्हणून काठीने धोपटल्यास कपड्यावरची धूळ निघून जाते.

६४. काही व्यक्तींची उंची का वाढत नाही ?

काही व्यक्तींचे वय वाढत जाते पण त्यामानाने त्यांची उंची अजिबात वाढत

नाही. अशा व्यक्तींना खुजा म्हणतात. त्यांची उंची न वाढण्याचे कारण म्हणजे त्यांची उंची अनेक घटकांवर अवलंबून असते. त्यात आनुवंशतेचा भाग असतो. काहींच्या शरीरातील हाडांना विशिष्ट प्रकारचा रोग होतो व त्यामुळे हाता-पायाची उंची एका मर्यादेपलिकडे वाढत नाही. आपल्या मेंदूजवळ एक ग्रंथी असते. त्यामध्ये स्रवणाऱ्या रसावर आपली उंची वाढणे अवलंबून असते पण यामध्येच काही बिघाड झाल्यास उंची वाढत नाही.

६५. काकडीचे वरचे टोक कडू का लागते ?

बऱ्याचदा आपणास काकडीच्या वरच्या टोकाची चव कडू लागते. तेव्हा काकडी कडू आहे असे समजून फेकून देऊ नये; कारण टोकाच्या या भागानंतर आपल्याला बाकीच्या काकडीची चव सामान्य लागते. याचे कारण म्हणजे काकडीच्या वेलामध्ये टेट्रासायक्लीफ ट्रायटरपीन नामक रासायनिक पदार्थांचा एक समूह आढळतो. त्यामध्ये कुकरबिटासीन नामक एका रसायनाचा समावेश असतो. या रसायनाची चव कडू असते. काकडीच्या वरच्या भागाचा देठ वेलीला चिकटलेला असल्याने कुकर बिटासीन या रसायनाचा काही अंश काकडीच्या वरच्या भागात जमा होतो. त्यामुळे काकडीचा वरचा भाग कडू लागतो.

६६. कुपोषण म्हणजे काय ?

मुलांच्या आहारात पिष्टमय व प्रथिनयुक्त पदार्थांची कमतरता असते तसेच जीवनसत्त्वे व खनिज पदार्थ पुरविणारे अन्नपदार्थ कमी असतात. त्यामुळे अशा मुलांच्या शरीराची वाढ योग्य प्रमाणात होत नाही. ही मुले रोगाचा प्रतिकार करू शकत नाहीत. अशा मुलांचे कुपोषण झाले असे म्हणतात.

६७. कृत्रिम धागे कसे बनवितात ?

कृत्रिम धागे मुख्यत: सेल्युलोज, स्निग्ध पदार्थ आणि खनिज पदार्थ यापासून बनवितात. लाकडाच्या लगद्यातून मिळालेल्या सेल्युलोजवर प्रक्रिया करून रेऑन बनते. प्लॅस्टिक, नायलॉन, टेरेलिन यांचे धागे तयार करण्यासाठी खनिज तेलाचा वापर करतात. ॲसबेस्टॉस धाग्याचा उपयोग आगप्रतिबंधक कपड्यासाठी केला जातो. टॅफ्लॉनचा धागा आणि ॲक्रिलिकची जाळी यांचा वापर हल्ली डॉक्टर शस्त्रक्रिया करताना करतात.

६८. कृष्णविवर किंवा ब्लॅकहोल कशाला म्हणतात ?

पृथ्वीच्या आकर्षणाचा जोर, पृथ्वीपासून लांब जात राहिले तर कमी होत जातो. त्यामुळे एका ठराविक वेग मर्यादेहून अधिक वेगाने जर एखादी वस्तू पृथ्वीपासून लांब फेकली तर ती परत येत नाही. कारण तिला परत खेचून घ्यायला पृथ्वीचे गुरुत्वाकर्षण अपुरे पडते. ही वेग मर्यादा ११.२ किलोमीटर दर सेकंदाला इतकी असून तिला 'सुटकेचा वेग' म्हणतात.

समजा, एखाद्या वस्तुपासून सुटकेचा वेग प्रकाशाच्या वेगापेक्षा म्हणजे सेकंदाला ३ लक्ष किलोमीटरपेक्षा जास्त असेल तर प्रकाशकिरणे त्या वस्तुपासून निसटू शकणार नाहीत. मग ती वस्तू दिसणार कशी ? दिसणार नाहीच. म्हणून तिला 'कृष्णविवर' किंवा 'ब्लॅक होल' म्हणतात. ज्या प्रमाणे खोल विहिरीत टाकलेली वस्तू गडप होते तसेच कृष्णविवर आसपासच्या वस्तुंना आपल्याकडे खेचून गडप करून टाकते.

कृष्णविवराकडे झेपावताना गुरुत्वाकर्षण बलात अमर्याद वाढ होत जाते. त्यामुळे कुठलीही वस्तू छिन्न-भिन्न होऊन जाते. कृष्णविवराभोवती एक क्षितीजाकार गोल असतो. त्यात शिरल्यावर बाहेरच्या जगाशी संपर्क तुटतो. म्हणून अशी छिन्न-भिन्न झालेली वस्तू त्यात पडल्यावर पुढे तिचे काय होते? हे आपल्यासारख्या बाहेरच्या निरीक्षकाला कळायला मार्ग नाही; पण गुरुत्वाकर्षणाचा आईनस्टॉईनचा सिद्धांत असे सांगतो की ती वस्तू कृष्णविवराच्या केंद्राशी पोचल्यावर तिथे काल-अवकाश याची सीमा गाठते व तिच्या भवितव्याचाच अंत होतो.

६९. कोळशाला 'काळा हिरा' का म्हणतात ?

माणसाच्या ऊर्जेच्या शोधाच्या इतिहासात कोळशाचा इंधन म्हणून शोध हा एक महत्त्वाचा टप्पा आहे. कोळसा हे एक महत्त्वाचे इंधन आहे. कोळशाचा शोध लागल्यावर कोळसा वापरून पाण्याची वाफ करून त्यावर चालणारी सयंत्रे तयार करण्यात आली. ही सयंत्रे औद्योगिक क्रांतीची नांदी ठरली. म्हणून कोळशाला 'काळा हिरा' म्हणतात.

७०. 'किरणोत्सार' म्हणजे काय ?

युरेनियम, थोरियम, रेडियम इ. जड मूलद्रव्ये अतिशय भेदक व अदृष्य असे किरण उत्स्फूर्तपणे बाहेर टाकत असतात. या गुणधर्मास किरणोत्सार

म्हणतात. किरणोत्साराचा गुणधर्म असणारी काही मूलद्रव्ये आहेत काय हे शोधण्याचा प्रयत्न मादाम क्युरी व त्यांचे पती पेरी क्युरी यांनी केला व त्यांनी युरेनियमपेक्षा अधिक प्रभावशाली अशा पोलोनियम व रेडियम अशा किरणोत्सारी मूलद्रव्याचा शोध लावला.

७१. 'कोरडा बर्फ' कशाला म्हणतात ?

कार्बन-डाय-ऑक्साईड ५७° सें. पर्यंत थंड केल्यास त्याचे घन (स्थायू) पदार्थात रूपांतर होते. तापमान वाढले की त्याचे एकदम वायूत रूपांतर होते. ह्या घनरूप कार्बन-डाय-ऑक्साईडला 'कोरडा बर्फ' म्हणतात. पदार्थाचे तापमान कमी करण्यास कोरड्या बर्फाचा उपयोग होतो.

७२. कृत्रिमरित्या मोती कसे तयार करतात ?

समुद्रात आढळणाऱ्या ऑयस्टर नावाच्या कीड्यापासून आपणास मोती मिळतात. हा कीडा लिबलिबीत असतो व शिंपल्यात राहतो. ह्या शिंपल्यात जर एखादा वाळूचा कण गेला तर तो ऑयस्टरच्या अंगाला बोचतो. तो बोचू नये म्हणून ऑयस्टर त्या कणाभोवती आपल्या लाळेच्या धाग्याने वेष्टन तयार करून त्याला गुळगुळीत गोल बनवितो. हाच मोती होय. हा तयार होण्यासाठी निसर्गावर अवलंबून रहावे लागते. आता पाणबुडे समुद्रातून ऑयस्टर असलेले शिंपले जमा करून आणतात. त्या शिंपल्यात वाळूचा एक कण टाकून त्या शंपल्याचे तोंड बंद करतात. एका पिंजऱ्यात सर्व शिंपले भरून तो पिंजरा समुद्राच्या तळाशी पाण्यात सोडतात. चार-पाच वर्षांनी हे पिंजरे वर काढतात व शिंपले उघडतात. शिंपल्यात मोती तयार झालेला असतो. ह्यांनाच कल्चर्ड मोती असे म्हणतात.

७३. कोंबडीच्या अंड्याची रचना कशी असते ?

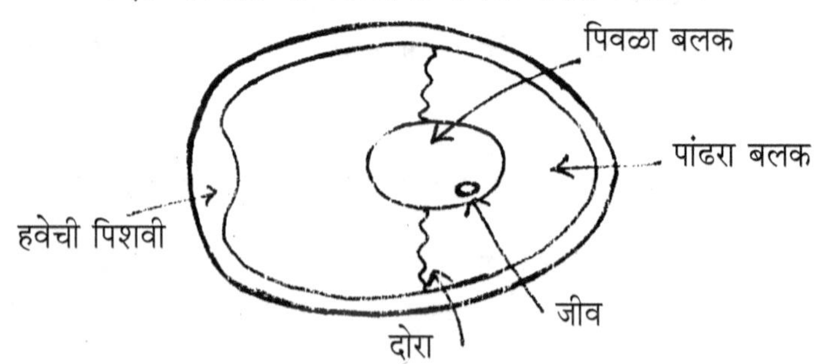

कुठलेही अंडे हे अंडाकृती असते. हा अंडाकृती आकार चेंडूप्रमाणे गोल नसतो किंवा लंबगोलाकारही नसतो. बाहेरच्या बाजूला अंड्याचे कवच असते. आतल्या बाजूला एक पातळ पापुद्रा असतो. या पापुद्र्याच्या फुग्यासारख्या पिशवीमध्ये पांढरा रस असतो. कवच व पापुद्र्याची पिशवी यात हवेची पोकळी असते. पांढऱ्या रसात पिवळा बलक असतो. तो दोन स्नायूच्या धाग्याने लोंबकळत ठेवलेला असतो. ती सुद्धा पिशवीच असते. अंडे कसेही घरंगळले तरी बलकातला गर्भ/जीव मंदपणे झोके घेत राहतो.

७४. कोरड्या केलेल्या काचेच्या पेल्यात बर्फाचे खडे टाकले तर थोड्या वेळाने पेल्याची बाहेरची बाजू ओलसर का होते ?

पेल्याच्या भोवती हवा असते. ह्या हवेत पाण्याची वाफ सामावलेली असते. पेल्यामध्ये बर्फ घातल्याने पेल्यातील व पेल्यालगतची हवा खूप थंड होते. बाहेरील हवेतील पाण्याच्या वाफेचे रूपांतर पाण्याच्या थेंबात होते व ते थेंब पेल्याच्या बाहेरच्या पृष्ठभागावर जमा होतात. त्यामुळे पेला बाहेरून ओला झालेला दिसतो.

७५. काजवा रात्री कसा चमकतो ?

काजव्याच्या पोटाच्या खालच्या बाजूने प्रकाशनिर्मिती करणारा भाग असतो आणि मज्जेद्वारे त्याचे नियंत्रण होते. त्यात 'ल्युसिफेरीन' आणि 'ल्युसिफेरस' नामक रसायने असतात. ल्युसिफेरीनचा ऑक्सिजनशी संयोग झाल्याने प्रकाश निर्मिती होते. ल्युसिफेरस क्रियाप्रेरक म्हणून काम करतो. अशा प्रकारच्या प्रकाश निर्मितीच्या प्रक्रियेला 'जीवदीप्ती' असे म्हणतात. काजव्यातून उत्सर्जित होणारा प्रकाश पिवळा किंवा नारिंगी असतो.

७६. कुत्र्या-मांजरासारखे प्राणी कधी कधी कोवळे गवत खाताना का आढळतात ?

कुत्र्या-मांजरासारखे प्राणी जेव्हा त्यांना मलावरोधाचा अतिरेक होतो त्यावेळी कोवळे गवत खातात. कारण वनस्पतीजन्य तंतूमय पदार्थ मलावरोध दूर करतात. माणसाला हा पदार्थ पालेभाज्यातून मिळतो. वाघ, सिंह, लांडगे हे प्राणी मारलेल्या भक्ष्याचे केसाळ भाग खावून मलावरोध दूर करतात. केसांना त्यांचे शरीर पचवू शकत नाही. त्यामुळे वनस्पतीजन्य तंतूमय पदार्थाचे काम हे केस करतात.

७७. कचऱ्यातून लोखंडी पदार्थ कसे वेगळे करतात ?

कचऱ्यात लोखंडी पदार्थ असतात. ते वेगळे करण्यासाठी कचरा पसरून ठेवतात. त्यावर मोठमोठे विद्युत चुंबक असलेले क्रेन फिरवितात. विद्युत प्रवाह चालू करताच त्याला लोखंडी पदार्थ चिकटतात. कचरा मात्र तसाच खाली राहतो. चिकटलेले लोखंड दुसरीकडे नेऊन विद्युत प्रवाह बंद करतात. त्यामुळे लोखंड खाली पडते. ते नंतर गोळा करतात.

७८. काम बंद असताना सोनार विस्तवाचे निखारे राखेने का झाकतात ?

सोनार लोकांना जळत्या निखाऱ्याचे वारंवार काम पडते. ते जर जळतच ठेवले तर लवकर संपून जातील. जर पाण्याने विझविले तर पुन्हा लवकर पेटणार नाहीत. म्हणून काम बंद असेपर्यंत त्यावर राख टाकून ठेवतात. राखेमुळे निखाऱ्यांना ऑक्सिजनचा पुरवठा कमी पडतो. काही निखारे विझतात व काही अर्धवट पेटलेले राहतात. जेव्हा काम करावयाचे असेल त्यावेळी त्यांच्यावरची राख झटकून त्यावर हवा फुंकली म्हणजे ते ताबडतोब पेटतात. पूर्णपणे विझलेले निखारेसुद्धा गरम असल्याने लवकर पेटतात.

७९. कॅरम खेळण्यापूर्वी कॅरम बोर्डवर बोरीक पावडर का टाकतात ?

कॅरम खेळताना कॅरमच्या सोंगट्यावर स्ट्रायकरने आघात केला असता त्या सोंगट्या विशिष्ट दिशेने गतिमान होणे आवश्यक असते. त्याकरिता कॅरम बोर्ड व सोंगट्या यामधील घर्षण किमान राखण्याकरिता दोघांचेही पृष्ठभाग गुळगुळीत करावे लागतात. त्याकरता कॅरम खेळण्यापूर्वी गुळगुळीत असणाऱ्या बोरीक पावडरची भुकटी पसरतात.

८०. कापूर किंवा आयोडिनचे स्फटिक हवेत उघडे ठेवल्यास का नाहीसे होतात ?

कापूर किंवा आयोडीन यांचे सामान्य तापमानाला हळुहळू संप्लवन होत असते. म्हणजेच ते स्थायुरूप अवस्थेतून एकदम वायुरूप अवस्थेत जातात. म्हणून कापूर किंवा आयोडिनचे स्फटिक घट्ट झाकणाच्या शिशीत बंद करून ठेवतात.

८१. कंदिलाच्या तापलेल्या काचेवर पाणी उडाले तर ती काच का तडकते ?

कंदिलाची काच तापलेली असते. काच ही उष्णतेचा दुर्वाहक आहे. तापलेल्या काचेवर पाणी उडाले म्हणजे त्या ठिकाणची उष्णता पाणी शोषून घेते व तेवढीच काच थंड होऊन आकुंचन पावते. काच ठिसूळ पदार्थ आहे. त्यामुळे बाकीचा भाग प्रसरण पावलेला असल्याने पाणी उडालेल्या ठिकाणी काच तडकते.

८२. कंदिलाच्या वातीमध्ये खालच्या टाकीतील रॉकेल आपोआप वर कसे चढते ?

कंदिलाची वात कापसाच्या दोऱ्यापासून तयार केलेली असते. ही वात चापट असते व तिला बारीक बारीक छिद्रे असतात. वातीचे खालचे टोक रॉकेलमध्ये बुडालेले असते. केशाकर्षणामुळे वातीची बारीक छिद्रे रॉकेलने भरून जातात. त्यानंतर वरची छिद्रे भरतात. त्यानंतर त्याच्या वरची छिद्रे भरतात. ह्या क्रियेला केशाकर्षण म्हणतात. केशाकर्षणामुळे वातीमध्ये रॉकेल चढत जाते व वरच्या टोकापर्यंत येऊन पोहोचते.

८३. खनिज तेलापासून कोणकोणते पदार्थ मिळतात ?

खनिज तेलापासून पुढील पदार्थ मिळतात—
i)   नैसर्गिक वायू : स्वयंपाकासाठी इंधन म्हणून, खते बनविण्यासाठी.
ii) पेट्रोलियम इथर : सुगंधी द्रव्ये तयार करण्यासाठी, ड्रायक्लिनिंगसाठी.
iii) गॅसोलिन (पेट्रोल) : वाहनासाठी इंधन म्हणून.
iv) केरोसिन (रॉकेल) : घरगुती वापरासाठी.
v)   डिझेल : वाहन व कारखान्यात इंधन म्हणून.
vi) ग्रीस : सर्व यंत्रात घर्षण कमी होण्यासाठी वापरतात.
vii) कोक : विद्युत घटात इलेक्ट्रोड तयार करण्यासाठी.

८४. खाद्यपदार्थ उन्हाळ्यात का खराब होतात ?

उन्हाळ्यात तापमान अधिक असते. उष्ण तापमान सूक्ष्म जीवांच्या वाढीला पोषक असते. त्यामुळे अन्नात शिरलेल्या सूक्ष्म जीवांची वाढ होऊ लागते. सूक्ष्म जीवांची वाढ होताना ते अन्नाचे अपघटन करतात. त्यातून कार्बनी पदार्थ तयार

होतात. ह्या कार्बनी पदार्थांना आंबट किंवा कडवट चव आणि उग्र वास असतो. त्यामुळे अन्न पदार्थ खराब होतात.

८५. खुर्चीवर बसण्याऐवजी त्याच खुर्चीवर उभे राहिल्यास ती तुटण्याची शक्यता का असते ?

खुर्चीवर बसलेले असताना आपले वजन खुर्चीच्या जास्त क्षेत्रफळावर विभागलेले असते; पण खुर्चीवर उभे राहिल्यास संपूर्ण वजन पावलाच्या क्षेत्रफळाच्या भागावरच पडते. त्यामुळे बैठकीवर पडणारा दाब वाढतो. या अधिक दाबाने खुर्चीची बैठक तुटते.

८६. खूप ताप आला असता कपाळावर मिठाच्या थंड पाण्याची घडी का ठेवतात ?

पाणी हे उष्णतेचे दुर्वाहक आहे; परंतु पाण्यात मीठ टाकताच मिठाचे आयन मुक्त होतात व पाणी उष्णतेचे सुवाहक होते. म्हणून खूप ताप आला असता कपाळावर मिठाच्या थंड पाण्याची घडी ठेवली असता वहनाने कपाळावरील उष्णता मिठाच्या पाण्यात जाते व त्यामुळे कपाळावरचे तापमान कमी कमी होते.

८७. खोकल्याची उबळ कशी येते ?

खोकला ही शरीर क्रिया अत्यंत नैसर्गिक व सामान्य आहे. माणसाच्या श्वसनव्यवस्थेत नाक, घसा, ध्वनिपेटी, वायूनलिका, वायूवाहिन्या व फुप्फुसे हे अवयव असतात. त्यांच्या पोकळीच्या पृष्ठभागावर विशिष्ट पेशींचे आवरण असते. या आवरणावरून हवेचा प्रवास अतिशय सुलभपणे होतो; परंतु जर काही कारणाने या आवरणावर अडथळे आले तर त्यांची दखल मज्जासंस्था व मेंदू तात्काळ घेऊन हे अडथळे हवेचा प्रवाह काहीशा दाबाखाली उलटा फिरवून बाहेर फेकण्याचा प्रयत्न शरीर करते. या प्रयत्नास आपण खोकला म्हणतो.

श्वसनसंस्थेतील अडथळे अथवा पृष्ठभागावरील अडथळ्याची संवेदना हवेतील धूर अथवा धूळ, अन्नाचे कण, द्रव पदार्थ अन्ननलिकेऐवजी वायूनलिकेत शिरणे, जंतूमुळे आवरणावर आलेली खरवड, विषाणुमुळे फुप्फुसावर झालेले आक्रमण, कर्करोगाच्या गाठी या सारख्या घटकांमुळे उत्पन्न होतात. हे सर्व अडथळे दूर करण्याच्या शरीराने केलेल्या नैसर्गिक प्रयत्नास आपण खोकला म्हणतो.

८८. ग्लासभर पाण्यात किती धुके तयार होईल ?

धुके म्हणजे हवेत तरंगत्या अवस्थेत असणारे अतिसूक्ष्म आकाराचे जलबिंदू होय. धुक्यातील जलबिंदू अतिसूक्ष्म म्हणजे सुमारे एक सहस्रांश मिलीमीटर इतक्या व्यासाचे सूक्ष्म असतात. दाट धुके पडते त्या वेळी एकेका घन सेंटीमीटर आकाराच्या जागेत सुमारे १२०० ते १५०० जलबिंदू असू शकतात. काड्यापेटीचे आकारमान २५ घन सेंटीमीटर असते. याचा अर्थ काड्यापेटीच्या आकाराच्या जागेत तीस हजार ते साडे सदोतीस हजार जलबिंदू असू शकतात.

प्रत्यक्ष धुक्यातले हे सारे जलबिंदू एकत्र केले तर त्यांचे प्रत्यक्ष आकारमान फारच थोडे भरेल. सुमारे ११ मीटर लांब, ११ मीटर रूंद व ३ मीटर उंच अशा प्रशस्त मोठ्या हॉलमधल्या सर्व धुक्यातले जलबिंदू एकत्र केले तर त्यांच्यापासून जेमतेम एक ग्लासभर एवढेच पाणी तयार होईल.

८९. गियरोहक स्वतःजवळ ऑक्सिजन सिलेंडर का बाळगतात ?

पृथ्वीभोवती असलेल्या अनेक किलोमीटर उंचीपर्यंतच्या हवेच्या आवरणास

गियरोहक

वातावरण असे म्हणतात. पृथ्वीपासून जसजसे दूर जावे तसतसे वातावरण विरळ होत जाते. त्यापासून मिळणारा ऑक्सिजनचा पुरवठा कमी कमी होत जातो. पर्वतावर पोचल्यावर ऑक्सिजनचा पुरवठा व्हावा म्हणून गियरोहक स्वतःजवळ ऑक्सिजन सिलेंडर बाळगतात.

९०. गॅरिकचे अर्धगोल काय दाखवतात ?

हवेला खूप मोठा दाब असतो. हे ऑटोव्हॉन गॅरीक नावाच्या शास्त्रज्ञाने दाखवून दिले. त्याने दोन अर्धगोल घेतले. ते एकमेकात पक्के बसविले व

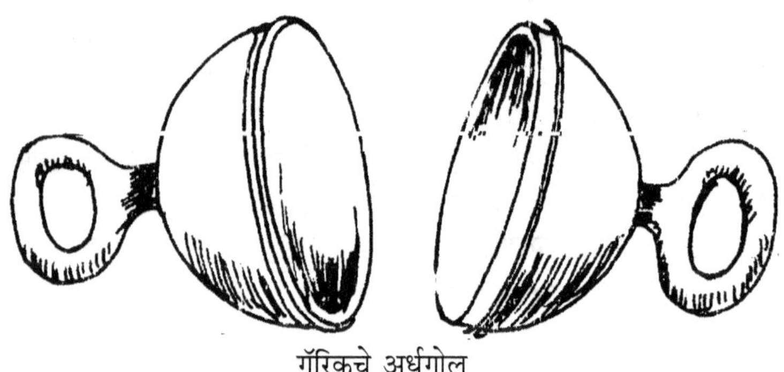

गॅरिकचे अर्धगोल

त्यांच्यामधील हवा काढून घेतली. त्यांच्या कड्यांना दोन्ही बाजूंनी ६-६ घोडे लावले व त्यांना विरूद्ध दिशांना हाकलून दोन्ही अर्धगोल एकमेकांपासून अलग करण्याचा प्रयत्न केला पण ते अलग झाले नाहीत. कारण निर्वात केलेल्या गोलावर बाहेरील हवेचा प्रचंड दाब काम करत होता; पण गोलाच्या आत हवेचा दाबच नव्हता त्यामुळे ते एकमेकांना पक्के चिकटून बसले होते. ह्या प्रयोगामुळे हवेचा दाब किती प्रचंड असतो हे समजून येते.

११. 'गुरूत्वाकर्षण बल' कशाला म्हणतात ?

पृथ्वी प्रत्येक वस्तुला आपल्या केंद्र बिंदूकडे ओढते. त्याला पृथ्वीचे गुरूत्वाकर्षण बल म्हणतात. तसे प्रत्येक वस्तुला स्वतःचे गुरूत्वाकर्षण असते. प्रत्येक वस्तू दुसऱ्या वस्तुला आपल्याकडे ओढण्याचा प्रयत्न करते. ज्या वस्तुचे वस्तूमान जितके जास्त तितके गुरूत्वाकर्षण बल अधिक असते. झाडावरून तुटलेले फळ जमिनीवरच खाली का पडले? वर का गेले नाही ? असा विचार येताच न्यूटन नावाच्या शास्त्रज्ञाने संशोधन केले व पृथ्वीच्या गुरूत्वाकर्षण बलामुळे ते फळ खाली ओढले गेले हे सिद्ध केले. कोणताही पदार्थ वर फेकला असता पृथ्वी त्याला खाली ओढते म्हणून तो पदार्थ परत जमिनीवर येऊन पडतो. ह्यालाच गुरूत्वाकर्षण बलाचा प्रभाव म्हणतात.

९२. गरम तव्यावर पडलेला पाण्याचा थेंब टणाटण उड्या का मारतो ?

गरम तव्यावर पाण्याचा थेंब पडल्याबरोबर त्याचा आकार गोल होतो. त्याचा आकार लहान असल्यामुळे तव्याला टेकलेली थेंबाची बाजू ताबडतोब गरम होते व तेथे पाण्याची वाफ होते. ही वाफ थेंबाच्या खालून जोराने वर येते. त्यामुळे वरचा थेंब दुसरीकडे फेकला जातो व त्याचा आकार आणखी लहान होतो. तो तव्याला टेकल्याबरोबर त्याच्या खालच्या भागाची पुन्हा वाफ होते. ही वाफ वरच्या थेंबाला जोराने दूर ढकलून हवेत मिसळते. पूर्ण थेंबाची वाफ होईपर्यंत ही क्रिया चालू राहते. म्हणून गरम तव्यावर पडलेला थेंब उड्या मारताना दिसतो.

९३. गांडुळाला शेतकऱ्याचा मित्र का म्हणतात ?

गांडूळ जमिनीत राहते. त्यामुळे माती मोकळी व हवादार होते. त्यामुळे मुळांना भरपूर ऑक्सिजन मिळतो. तसेच मुळे जमिनीत खोलवर जाऊ शकतात. गांडुळाच्या आयुष्याचा बराच भाग माती खाण्यात आणि न पचलेली माती बाहेर टाकण्यात जातो. अशा तऱ्हेने बरीचशी माती जमिनीच्या वरच्या पृष्ठभागावर येते. म्हणजे गांडूळ हा नैसर्गिक नांगर आहे. जमिनीवरची सडकी पाने गांडूळ आपल्या बिळात अन्न म्हणून घेऊन जातो. त्यामुळे जमिनीत ह्युमस वाढते व जमीन सुपीक होते. म्हणून गांडुळाला शेतकऱ्याचा मित्र असे म्हणतात.

९४. ग्राहकांनी 'ॲगमार्क' आणि 'आय. एस. आय.' चिन्हांकित वस्तुंच्या पुरवठ्याचाच का आग्रह धरावा ?

'ॲगमार्क' चिन्हासह विकल्या जाणाऱ्या वस्तू उदा.– तूप, खाद्यतेल, गूळ, लोणी, तांदूळ, लोकर इ. सरकारने ठरवून दिलेल्या प्रतवारी प्रमाणकाचे काटेकोरपणे पालन करतात. त्याचप्रमाणे 'आय. एस. आय.' हे चिन्ह असे दाखविते की या वस्तू कठोर गुणवत्ता नियंत्रणाच्या तपासण्या व चाचण्यामधून गेल्या आहेत. त्या वस्तू अशुद्ध, बनावट व निकृष्ट दर्जाच्या वस्तुंपासून ग्राहकाचे रक्षण करतात. म्हणून ग्राहकाने 'ॲगमार्क' व 'आय. एस. आय.' चिन्हांकित वस्तुंचा आग्रह धरावा.

९५. गतीज ऊर्जा कशाला म्हणतात ?

गतिमान अवस्थेमुळे वस्तुस प्राप्त झालेल्या ऊर्जेला गतीज ऊर्जा असे

म्हणतात. उदा. बंदुकीतून निघालेली गोळी, धावती आगगाडी, वारा, धनुष्यातून सोडलेला बाण, विजेचा फिरणारा पंखा.

९६. गती म्हणजे काय ? गतीचे प्रमुख प्रकार कोणते ?

एखाद्या वस्तुच्या स्थानामध्ये दुसऱ्या वस्तू सापेक्ष सतत होणाऱ्या स्थान बदलाला त्या वस्तुची गती म्हणतात.

गतीचे पुढील प्रकार आहेत. १) स्थानांतरणीय गती २) परिवलन गती आणि ३) कंपन गती.

१) स्थानांतरणीय गती : ज्यावेळी एखाद्या वस्तुचा स्थानबदल एखाद्या स्थानापासून दुसऱ्या भिन्न स्थानापर्यंत सरळ रेषेत किंवा वक्रमार्गाने होतो त्यावेळी वस्तुच्या गतीला स्थानांतरणीय गती असे म्हणतात. उदा.- रूळावरून धावणाऱ्या आगगाडीची गती, विमानाची गती.

२) परिवलन गती : वस्तुच्या अक्षाभोवती फिरण्याच्या गतीला परिवलन गती असे म्हणतात. उदा.- कुंभाराच्या चाकाची गती, चक्रीची गती, भोवऱ्याची गती.

३) कंपन गती : ज्यावेळी एखादी वस्तू एका विशिष्ट कालावधीत त्याच त्या मार्गाने मागे-पुढे पुनः पुन्हा होत असते त्यावेळी त्या वस्तुच्या गतीला कंपनगती असे म्हणतात. उदा.- पाळण्याची गती, घड्याळाच्या लंबकाची गती.

९७. गतिमान मोटारीचे ब्रेक एकदम दाबले असता आतील प्रवासी पुढे का फेकले जातात ?

धावती मोटारगाडी थांबण्यापूर्वी गतिमान असल्याने आतील प्रवाशांना गतिचे जडत्व प्राप्त झालेले असते. ब्रेक दाबल्याने मोटारगाडी थांबल्याने शरीराचा पायाकडील भाग स्थिर होतो तर गतिच्या जडत्वामुळे शरीराचा वरील भाग गतिमान असतो. म्हणून धावती मोटारगाडी एकदम थांबली तर आतील प्रवासी पुढे फेकले जातात.

९८. गावाला पाणी पुरवठा करणारी पाण्याची टाकी उंचावर का बसविलेली असते ?

'द्रव पदार्थ समपातळीत राहतात' या तत्वावर पाणी पुरवठ्याचे कार्य आधारलेले आहे. पाण्याची टाकी उंच जागी असल्याने त्यातून येणारे पाणी

वरील तत्त्वाच्या आधारे तेवढीच उंची गाठण्याचा प्रयत्न करते. त्यामुळे उंच इमारतीच्या वरच्या मजल्यापर्यंत पाणी पोचू शकते. अशा रितीने सर्व इमारतींना पाणी पुरवठा करता येतो.

९९. गरम चहा पिण्यासाठी चिनीमातीचा कप का वापरतात ?

काच, चिनीमाती हे उष्णतेचे दुर्वाहक आहेत. त्यांच्यामधून उष्णता लवकर वाहत नाही. चिनीमातीच्या कपात उकळता चहा ओतला तरी पण कप बाहेरून जास्त गरम होत नाही. त्यामुळे त्याला हातात धरणे सुलभ होते. कपाचे काठ लवकर गरम होत नसल्याने चहा पिताना ओठ भाजत नाहीत.

१००. घाबरणे म्हणजे काय ?

भय आणि प्राणीमात्र यांचा सोबतच जन्म झाला असावा. या भयामुळेच प्राणीमात्राने बचावाचे रस्ते शोधून काढले. तरी सुद्धा आज मानव भयभीत असतोच. तमाम दुनियेला नष्ट करू शकणारी आयुधं शोधणारा मानव त्यांच्या परिणामाच्या कल्पनेने भयभीत आहे. विश्वात कुठलाही जीवधारी भयमुक्त नाही. भीतीचे दोन प्रकार आहे. i) सार्थक भीती. ii) निरर्थक भीती.

सापावर पाय पडल्यावर वाटणारी भीती ही सार्थक भीती. कारण साप विषारी असतो. त्याच्या दंशाने माणूस मरू शकतो; पण अंधारात दोरीवर पाय पडला तर साप समजून घाबरणे ही निरर्थक भीती आहे. काही माणसे अशी असतात की जी गर्दीला घाबरतात. अशी माणसे गर्दीत जाणे टाळतात. गेलीच तर घाबरतात. घाम फुटतो. कधी एकदा बाहेर पडतो असे होते. या भीतीला शास्त्रीय

भाषेत 'एगोरेफोबिया' वा 'कालस्ट्रोफालिगमा' (निवृत्त स्थान भीती) असे म्हणतात. दुसऱ्या तऱ्हेची भीती या विरूद्ध असते. ही माणसे एकटेपणाला घाबरतात. त्यांना गर्दीची ठिकाणे आवडतात. एकटेपणाच्या भीतीला 'क्लॉस्ट्रोफोबिया' असे म्हणतात.

१०१. घामाघुम झालेला माणूस पंख्याखाली बसल्यावर त्याला गार का वाटते ?

पंख्याच्या हालचालीमुळे त्या भागातील हवेची वेगाने हालचाल होते. त्यामुळे हवा हलण्याने माणसाच्या अंगावरील घामाचे बाष्पीभवन होते. घामाचे बाष्पीभवन होताना त्याच्या शरीरातील तापमानात घट होते. बाष्पीभवनाच्या या नियमाला अनुसरून घामाघुम झालेला माणूस पंख्याखाली बसल्यावर त्याला गार वाटते.

१०२. घर्षण-प्रेरक म्हणजे काय ?

कोणत्याही प्रकारच्या पृष्ठभागावरून चलन स्थितीमधील वस्तू जात असेल तर तो पृष्ठभाग आणि वस्तुचा पृष्ठभाग यामध्ये विशिष्ट क्रिया घडते व वस्तुच्या गतीस विरोध करणारा जोर उत्पन्न होतो. त्यास घर्षण प्रेरक असे म्हणतात.

१०३. घोडा उभ्यानेच का झोपतो ?

प्राणी का झोपतात ? त्यांच्या शरीरातील स्नायू सतत आकुंचन व प्रसारणाचे काम करित असतात. या स्नायू पेशीमध्ये ऊर्जा द्रव्यापासून उत्पन्न झालेले टाकाऊ लॅक्टिक आम्ल साचते. त्यामुळे स्नायू दुखतात व थकवा येतो. पुरेशी विश्रांती मिळाल्याने हे लॅक्टिक आम्ल निचरा होऊन नाहीसे होते व स्नायू पुन्हा ताजेतवाने कार्यक्षम होतात. निव्वळ एका जागी उभे राहणे अथवा ताठ बसण्यानेही त्या त्या भागातील स्नायू थकतात. उभे राहिल्याने आपले पाय दुखतात हे आपण अनुभवतोच. कारण त्यावेळी पायातील स्नायू काम करीत असून आपल्या पायातील हाडातील जोड ताठ ठेवतात. त्यामुळे आपण कोलमडत नाही. सर्वच प्राण्यामध्ये असे होतेच; परंतु उत्क्रांतीमध्ये घोडावर्गीय प्राण्यांच्या (गाढव, झेब्रा वगैरे) पायातील हाडातील जोडांना हवे तेव्हा जखडून ठेवण्यास कार्यक्षम अशा स्नायूविरहीत तंतूची दोरखंडे विकसित झालेली आहेत. जेव्हा घोड्यास आपल्या पायांना विश्रांती द्यावयाची असते तेव्हा तो स्वेच्छेने आपल्या पायातील जोड या दोरखंडांनी जखडून टाकतो. त्यामुळे तो उभा असला तरी त्याच्या पायातील स्नायुंना भरपूर विश्रांती मिळते.

१०४. घुबडाला रात्री का दिसते ?

घुबड हा निशाचर पक्षी आहे. त्याचे डोळे चेहऱ्याच्या पुढच्या बाजूला

घुबड

असतात. ते खूपच मोठे असतात. अशा विचित्र चेहऱ्याचा घुबड रात्री-अपरात्री हिंडत असतो. त्याचे हिंडणे आपणास फायद्याचे आहे. एक घुबड एका रात्री दहा मांजराचे काम करते. शिवाय मांजर ज्यांना खात नाही अशा प्राण्यांचा फडशा घुबड पाडते. चिचुंद्री, छोटे साप, मोठे कीटक, घूस, चिमण्या हे घुबडाचे खाद्य आहे. आपल्या धारदार नखांनी ते भक्ष्य पकडते. अर्थात यासाठी घुबडाला तीक्ष्ण दृष्टी हवी असते. यासाठी निसर्गानेच घुबडाच्या डोळ्यांची रचना अशी केली आहे की त्याला अंधुकातला अंधुक प्रकाश दिसावा. घुबडाच्या डोळ्यातली दृक्पटलाच्या खास पेशींची संख्या माणसाच्या पाचपट असते. दृक्पटल आपल्यापेक्षा मोठे असते आणि मुख्य म्हणजे निसर्गतःच आपण ज्या प्रमाणे दुर्बिणीचे भिंग पुढे-मागे हलवून प्रतिमा स्पष्ट दिसेल अशी व्यवस्था करतो. त्याप्रमाणे प्रतिमा स्पष्ट करण्याची त्यामध्ये सोय असते. यामुळे बुबुळ व दृक्पटल यांच्यातील अंतर कमी-जास्त होऊ शकते. याशिवाय घुबड आपल्यापेक्षा रंगलहरी बघू शकते. त्याला आपल्याला दिसणाऱ्या वर्णपटापेक्षा पलिकडच्या म्हणजे उपारून लहरी दिसतात.

यामुळे घुबड अंधारातही शिकार करू शकते. त्याच्या दृष्टीला याशिवाय तीक्ष्ण कानाची साथ मिळते. जे आवाज आपणाला कळतसुद्धा नाहीत ते आवाज घुबड स्पष्टपणे ऐकू शकते. मग आपली प्रभावी नजर त्या दिशेने वळवून ते भक्ष्याचा वेध घेते.

१०५. घामामुळे शर्टाची चांदीची बटने का काळी पडतात ?

घामात युरिया, कार्बन-डाय-ऑक्साईड वायू, मीठ, पाणी वगैरे पदार्थ

मिसळलेले असतात. त्यामुळे घाम आम्लधर्मी बनतो. अशा घामाच्या सान्निध्यात चांदीची बटने आली की चांदी व घामातील आम्ले यांच्यात रासायनिक प्रक्रिया घडते. चांदीचे नायट्रेट, सायट्रेट असे क्षार तयार होतात. हे क्षार सूर्यप्रकाशात आले की काळे पडतात. त्यामुळे चांदीची बटने काळी होतात.

१०६. घरातील वीजप्रवाह बंद झाल्यावर सुद्धा टेलिफोन चालू असतो याचे कारण काय ?

टेलिफोनच्या विजेचा घरातील विजेशी कोणताच संबंध नसतो. टेलिफोनची यंत्रणा बॅटरीवर चालत असते. ही बॅटरी टेलिफोन एक्स्चेंजच्या कार्यालयात ठेवलेली असते. ह्या बॅटरीचा वीजप्रवाह कधीच खंडीत होत नाही. त्यामुळे टेलीफोन कधीच बंद पडत नाही. टेलिफोन बंद होण्याची इतर काही कारणे होऊ शकतात पण वीजप्रवाह खंडीत झाल्याने टेलिफोन कधीच बंद होत नाही.

१०७. घन, द्रव व वायुरूप पदार्थ बल प्रयुक्त करू शकतात का ?

घन, द्रव व वायुरूप पदार्थ या तिन्ही रूपातील पदार्थ बल प्रयुक्त करू शकतात. भिंतीमध्ये खिळा ठोकताना आपण त्यावर हातोडीने आघात करतो. हातोडी हा घन पदार्थ आहे. ह्या घन पदार्थाने खिळ्यावर आघात केला म्हणजे बल प्रयुक्त केले. म्हणून खिळा भिंतीत घुसला.

नदीमध्ये लाकडाचे ओंडके टाकले म्हणजे ते प्रवाहाबरोबर वाहत जातात. म्हणजेच त्यांच्यावर द्रव पदार्थ बल प्रयुक्त करतात.

वादळात झाडे पडतात, घरावरील टीनपत्रे उडून जातात. यावरून हवा (वायू) बल प्रयुक्त करते असे दिसून येते. पाण्याच्या प्रवाहाने टर्बाईन फिरतात, हवेच्या प्रवाहाने पवनचक्कीची पाती फिरतात. अशा प्रकारे तिन्ही अवस्थेतील पदार्थ बले प्रयुक्त करतात हे दिसून येते.

१०८. घड्याळ चालू ठेवण्यासाठी त्याला नियमित किल्ली का द्यावी लागते ?

घड्याळाला किल्ली देणे या क्रियेत आपण घड्याळातील स्प्रिंग गुंडाळत असतो. म्हणजे त्यात स्थितीज ऊर्जा साठवत असतो. स्प्रिंग उलगडत असताना त्यातील

स्थितीज ऊर्जेचे रूपांतर गतीज ऊर्जेमध्ये होऊन घड्याळातील दातेरी चाके व काटे फिरू लागतात. स्प्रिंग पूर्ण उलगडल्यावर स्थितीज ऊर्जा शून्य होते व घड्याळ बंद पडते. म्हणून ते चालू ठेवण्यासाठी त्याला नियमित किल्ली द्यावी लागते.

१०९. घड्याळ दुरूस्त करणारे कारागीर डोळ्याला बहिर्वक्र भिंग का लावतात ?

बहिर्वक्र भिंगाच्या नाभीय अंतराच्या आत ठेवलेल्या वस्तुची आभासी, सरळ, मोठी प्रतिमा दिसते. या तत्त्वावर आधारलेल्या भिंगाचा वापर केला असता डोळ्याजवळ धरलेल्या सूक्ष्म वस्तुची विशाल प्रतिमा तयार होते. त्यामुळे तिच्या सूक्ष्म अंगोपगांचे निरीक्षण करणे शक्य होते. घड्याळातील भाग अतिसूक्ष्म असतात. ते दुरूस्त करण्यासाठी घड्याळजी बहिर्वक्र भिंगातून निरीक्षण करून त्यांची दुरूस्ती करतात.

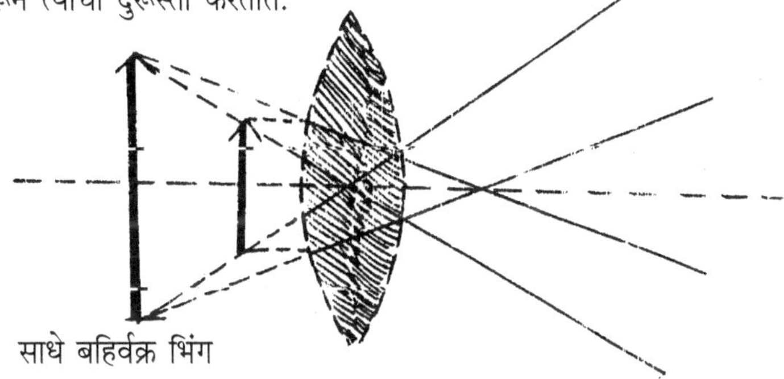

साधे बहिर्वक्र भिंग

११०. घामाची चव खारट का असते ?

शरीरात तयार होणारे निरूपयोगी पदार्थ उत्सर्जन संस्थेमार्फत शरीराच्या बाहेर टाकले जातात. युरियासारखे पाण्यात द्राव्य असणारे पदार्थ मूत्र आणि घामावाटे (त्वचेच्या छिद्रातून) बाहेर टाकले जातात. ह्या पाण्यात युरिया बरोबर मीठ आणि इतर क्षारसुद्धा बाहेर पडतात. मिठाची चव खारट असल्याने घामाची चव खारट लागते.

१११. चुंबकीय सुरूंग म्हणजे काय ?

युद्ध चालू असताना चुंबकीय गुणधर्म असणारे सुरूंग युद्धभूमीवरील रस्त्यामध्ये पेरून ठेवलेले असतात. रणगाडे हे लोखंडाचे बनविलेले असतात. सुरुंगाचे

बाह्यवेष्टन चुंबकाचे बनविलेले असल्याने ते चुंबक रणगाड्याकडे आकर्षित होऊन रणगाड्यावर आदळतात. त्यामुळे त्यातील कळसुद्धा दाबली जाते व त्या सुरुंगाचा मोठा स्फोट होतो नि रणगाडा निकामी होतो. चुंबक न वापरल्यास सुरूंग रणगाड्याकडे आकर्षिले न गेल्याने वरील पद्धतीने त्याचा स्फोट होणार नाही.

११२. चुंबक पेटीत ठेवताना चुंबकाच्या दोन्ही टोकाजवळ नरम लोखंडाचे तुकडे का चिकटवून ठेवतात ?

चुंबकामध्ये दक्षिण व उत्तर दिशा दाखविणारे एका विशिष्ट पद्धतीत आलेले असतात. त्यामुळेच चुंबकामध्ये चुंबकत्व आलेले असते. काम झाल्यावर हा चुंबक ठेवून देताना हे कण जर विस्कळीत झाले तर त्यातील चुंबकत्व कमी होते. ते तसेच कायम राहण्यासाठी त्यांना दोन टोकांना नरम लोखंडाचे तुकडे

चुंबक रक्षक

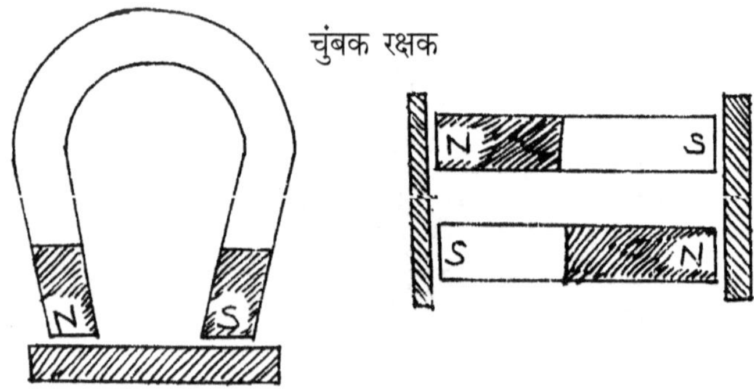

चिकटवून ठेवतात. या तुकड्यात प्रवर्तनाने विरूद्ध ध्रुव तयार होतात. चुंबकाच्या उत्तर टोकाजवळ ठेवलेल्या तुकड्यात दक्षिण ध्रुव तयार होतो व दक्षिण टोकाजवळ ठेवलेल्या तुकड्यात उत्तर ध्रुव तयार होतो. विजातीय ध्रुव एकमेकांना ओढून ठेवतात. त्यामुळे चुंबकातील चुंबकत्व कमी होत नाही.

११३. चपातीची एक बाजू जाड व दुसरी पातळ का असते ?

चपातीच्या कणकेत ग्लुरिन नामक प्रोटीन असते. जेव्हा चपातीची एक बाजू गरम होते त्यावेळी हे प्रोटीन एक पातळ थर बनविते. हा थर हवेला बाहेर जाण्यापासून रोखतो. जेव्हा चपाती दुसऱ्या बाजूने शेकली जाते तेव्हा पाण्याची वाफ झाल्याने जो वायू तयार होतो त्याला बाहेर पडण्यास ग्लुरिन रोखून ठेवते. वायू एकत्र झाल्यामुळे हा थर चपातीच्या इतर भागापेक्षा वेगळा होतो व चपाती फुगते.

११४. चुंबकीय पदार्थ कशाला म्हणतात ?

जे पदार्थ चुंबकाला चिकटतात त्यांना चुंबकीय पदार्थ म्हणतात. लोह, कोबाल्ट व निकेल हे चुंबकीय पदार्थ आहेत.

११५. चुलीमध्ये जळणारे कोळसे पाणी मारून का विझवू नयेत ?

चुलीमधील कोळसे काम झाल्यावर पाणी मारून विझवू नयेत कारण ते ओले होतात. त्यामुळे त्यांना पुन्हा पेटविण्यास जादा ऊर्जा खर्च करावी लागते. म्हणून त्यांना पत्र्याच्या डब्यात टाकून वरून घट्ट झाकण लावून घ्यावे. ऑक्सिजनच्या पुरवठ्या अभावी ते आपोआप विझून जातील.

११६. चहा कपापेक्षा बशीत लवकर थंड का होतो ?

सारख्याच तापमानाचा चहा कपात व बशीत ओतला तर बशीतील चहा लवकर थंड होता. कारण कपाचे वरचे क्षेत्रफळ लहान असते व बशीचे क्षेत्रफळ मोठे असते. मोठ्या क्षेत्रफळावर बाष्पीभवनाचा वेग जास्त असतो. बशीतील चहाचे बाष्पीभवन लवकर होते व त्याला लागणारी उष्णता चहातून घेतली जाते. त्यामुळे चहाचे तापमान लवकर कमी होऊन तो लवकर थंड होतो.

११७. छतावर पालीला उलट चालणे कसे शक्य होते ?

पालीच्या बोटाच्या खालच्या बाजूला पट्ट्यासारखे खवले असतात. या खवल्यांमुळे पालीच्या पावलांवर वाटीसारखे लहान लहान खळगे तयार होतात. हे खळगे छतावर किंवा भिंतीवर दाबून धरले म्हणजे ते निर्वात होतात व छताला चिकटून बसतात. त्यामुळे पाल छतावर उलटी चालली तरी बाहेरून असलेल्या हवेच्या दाबामुळे तिचे पाय छताला चिकटून राहतात. त्यामुळे ती खाली पडत नाही.

११८. छऱ्याच्या बंदुकीने पाण्यातील मासा मारायचा असला तर मासा दिसतो त्यापेक्षा खाली बंदुकीचा नेम का धरावा लागतो ?

मासा मारायचा म्हणजे माशावर नेम धरून गोळी झाडावी लागते परंतु मासा पाण्यात असल्याने त्याकडून येणारे प्रकाशकिरण अपवर्तनामुळे मासा ज्या

ठिकाणी असतो त्यापेक्षा वरून आल्यासारखे वाटतात. म्हणून माशावर नेम धरताना किंचित खाली नेम धरावा लागतो.

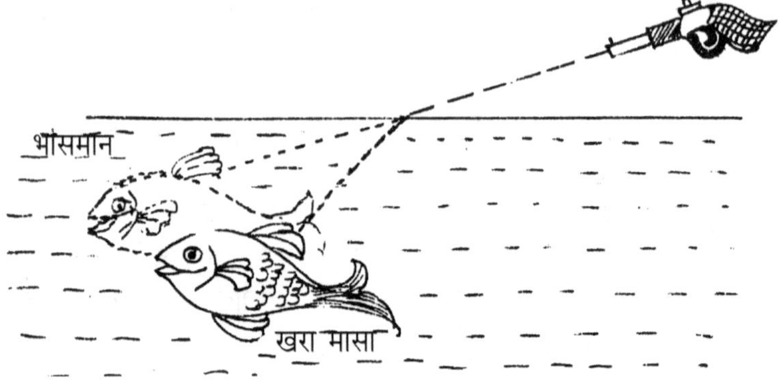

११९. छतातून पडणारे उन्हाचे कवडसे जमिनीवर गोलाकार का दिसतात ?

छताला असणारे छिद्र भिंगाचे कार्य करते. उन्हाचे किरण ह्या छिद्रातून खोलीत जमिनीवर पडतात. भिंगामुळे प्रकाशित वस्तुची प्रतिमा तयार होत असते. सूर्याचा आकार गोल आहे. छिद्रातून येणाऱ्या उन्हाच्या किरणाने जमिनीवर सूर्याची लहान प्रतिमा तयार होते व ती सूर्याच्या आकाराप्रमाणे वर्तुळाकार असते.

१२०. जडत्व म्हणजे काय ?

जर एखाद्या वस्तुवर कोणतेही बाह्यबल कार्य करीत नसेल आणि ती वस्तू जर मुळात स्थिर असेल तर ती स्थिरच राहील; किंवा मुळात ती ज्या दिशेने व ज्या वेगाने गतिमान झाली असेल त्याच दिशेने व वेगाने ती सतत गतिमान होत राहील. वस्तुच्या या गुणधर्माला 'जडत्व' असे म्हणतात.

१२१. जहाजावर साधी चुंबकसूची दिशादर्शक म्हणून वापरण्यास का उपयोगी पडत नाही ?

चुंबकीय सूची ही क्षितीज समांतर पातळीत मुक्तपणे फिरू शकली तरच ती दक्षिणोत्तर स्थिर होते आणि दिशादर्शक म्हणून उपयोगी पडते. साध्या चुंबक सूचीमध्ये ती सतत क्षितीज समांतर राहण्याकरिता कोणतीही योजना नसते. जहाज सतत हलत असल्याने अशी सूची देखील सतत क्षितीज समांतर पातळीत

मुक्तपणे फिरू शकत नाही. ती सतत हलत राहते त्यामुळे अचूक दिशादर्शक म्हणून तिचा उपयोग होत नाही.

१२२. जखम झाली असता थोड्या वेळाने रक्त का गोठते ?

आपल्या रक्तद्रवात नायट्रोजन युक्त फायब्रिनोजेन नावाचा रासायनिक पदार्थ असतो. शरीराला जखम होताच रक्त बाहेर येते. रक्तद्रव्यातील फायब्रिनोजेन व हवेतील ऑक्सिजन यांचा रासायनिक संयोग होऊन त्यापासून घट्ट फायब्रिन तयार होते. फायब्रिनच्या जाळ्यात पांढऱ्या पेशी येऊन बसतात. त्यामुळे जाळ्यातील छिद्रे बंद होतात. त्याच्यावर तांबड्या आणि पांढऱ्या पेशींचा थर बसून गाठ तयार होते व रक्तस्राव थांबतो.

१२३. जास्त श्रम केल्याने पायाला पेटके का येतात ?

आपण एखादे श्रमाचे काम केले की अधिक ऊर्जा खर्च होते. सर्वसामान्य मंद ज्वलनातून निर्माण होणारी ऊर्जा अशा वेळी कमी पडते. ऊर्जेची कमतरता भरून काढण्यासाठी स्नायुमध्ये विनॉक्सी पद्धतीने ऊर्जा निर्मिती होते. यावेळी स्नायूत लॅक्टिक आम्लसुध्दा तयार होते. ते आम्ल स्नायूत साचून राहिल्याने हाता-पायांना पेटके येतात.

१२४. जीवनसत्वे किती प्रकारची आहेत ? त्यांचे महत्त्व काय आहे ?

जीवनसत्वे जवळ जवळ १२ प्रकारची आहेत. त्यात अ, ब, क, ड, ई आणि के इतके प्रकार आहेत. प्रत्येक जीवनसत्वाचे कार्य वेगळे आहे.

जीवनसत्व 'अ' : तेल, तूप, लोणी, टोमॅटो, गाजर, आंबा, पपई यात हे जीवनसत्व असते. याच्या कमतरतेमुळे मंद प्रकाशात न दिसणे (रातांधळेपणा), त्वचा कोरडी राहणे ह्या व्याधी होतात.

जीवनसत्व 'ब' : यात ब-१, ब-२, ब-५, ब-६, ब-१२ असे प्रकार आहेत. हातसडीचा तांदूळ, कोंड्यासह पीठ, केळी, दूध, अंडी, मांस, मासे यात हे भरपूर प्रमाणात असते. याच्या कमतरतेमुळे 'बेरीबेरी' हा रोग होतो. मज्जातंतूचे विकार, मुखरोग, अनिमिया, भूक मंदावणे इत्यादी विकार होतात.

जीवनसत्व 'क' : संत्री, मोसंबी, आवळा, लिंबू, हिरव्या भाज्या ह्यात हे जीवनसत्वे भरपूर असते. याच्या अभावाने तोंडाचा 'स्कर्व्ही' हा रोग होतो.

हिरड्यांना सूज, त्वचेखाली रक्तस्राव मानसिकदृष्ट्या निराश होणे इत्यादी विकार बळावतात.

जीवनसत्व 'ड' : दूध, मलई, अंडी, माशाचे तेल यात हे जीवनसत्व असते. याच्या अभावाने लहान मुलांना 'रिकेटस्' नावाचा रोग होतो. हाडे ठिसूळ होतात. सूर्यप्रकाशात हिंडल्याने आपल्या त्वचेत हे जीवनसत्व तयार होते.

जीवनसत्व 'ई' : गव्हाचे मोड, पालेभाज्या, शेंगदाणे, तीळ, दूध यात हे जीवनसत्व आढळते. मज्जासंस्था, रक्ताभिसरण, गर्भाची जोपासना, स्नायू सक्षम ठेवणे हे याचे काम आहे.

जीवनसत्व 'के' : सर्व पालेभाज्या, सोयाबिन तेल, अंड्याच्या पिवळ्या बलकात हे असते. रक्तस्राव थांबविण्यासाठी हे जीवनसत्व आवश्यक आहे. बाळंतपणात आईला व बाळाला कधी कधी हे जीवनसत्व द्यावे लागते.

म्हणून प्रत्येक जीवनसत्व शरीराला आवश्यक आहे.

१२५. ज्योतीवर कागद धरल्यास तो पेटतो पण कागदाच्या वाटीत पाणी घेऊन तापविल्यास ती वाटी का पेटत नाही ?

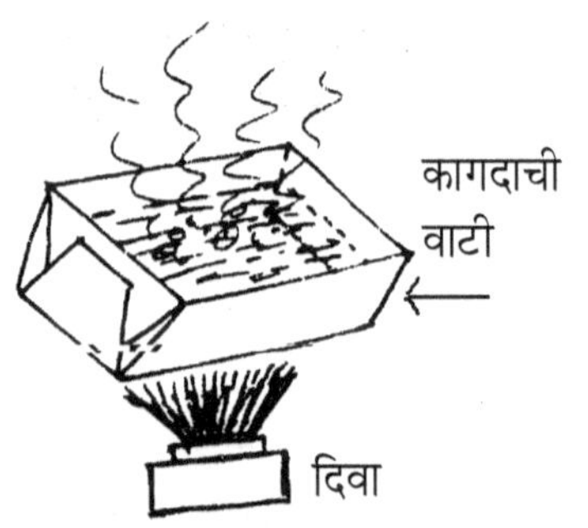

पदार्थ ज्या विशिष्ट तापमानावर पेट घेतो. त्याला त्या पदार्थाचा ज्वलनांक म्हणतात. ज्योतीचे तापमान हे कागदाच्या ज्वलनांकापेक्षा अधिक असते. म्हणून ज्योतीवर कागद धरल्यास तो पेट घेतो; परंतु कागदाच्या वाटीला मिळालेली उष्णता वाटीतील पाण्याचे तापमान वाढविण्यासाठी उपयोगी येते. त्यामुळे वाटीचे तापमान पेट घेण्याइतपत वाढत नाही. म्हणून वाटी जळत नाही.

१२६. जमिनीवरून घरंगळत जाणारा चेंडू काही वेळाने आपोआप का थांबतो ?

जमिनीवरून घरंगळत जात असताना चेंडूवर जमिनीचे घर्षण बल कार्य करीत असते. हे घर्षण बल चेंडूची गती कमी करण्याचे काम करते. त्यामुळे चेंडुचा वेग हळुहळू कमी होत जाऊन तो शेवटी आपोआप थांबतो.

१२७. ज्वालामुखीचा उद्रेक कसा होतो ?

पृथ्वीचा अंतर्भाग खूप तप्त आहे. हे तापमान दर किलोमीटर खोलीनुसार सुमारे ३° से. ने वाढते. पृथ्वीच्या अंतर्भागातील पदार्थ वितळलेल्या स्वरुपात असतात. त्यांना 'शिलारस' म्हणतात. भू-पृष्ठाच्या बाहेर पडलेल्या शिलारसाला लाव्हारस म्हणतात. हे पदार्थ जमिनीला पडलेल्या भेगेतून किंवा नळीतून भू-पृष्ठावर फेकले जातात. या क्रियेला ज्वालामुखीचा उद्रेक म्हणतात.

या उद्रेकातून पाण्याची वाफ, सल्फर-डाय-ऑक्साईड, सल्फ्युरेटेड हायड्रोजन-सारखे वायुरूप पदार्थ बाहेर पडतात. नळीच्या तोंडातून बाहेर येणाऱ्या पदार्थांचे नळीभोवती संचयन होते व शंकूच्या आकाराचा उंचवटा तयार होतो. त्याला ज्वालामुखीय शंकू म्हणतात.

१२८. जलचर सजीवांना ऑक्सिजन कसा मिळतो ?

मासे जलचर आहे. त्यांना कल्ले असतात. पाण्यात ऑक्सिजन वायू विरघळलेला असतो. मासे तोंडातून पाणी आत घेतात व कल्ल्यातून बाहेर सोडतात. कल्ल्यावरून पाणी जात असताना त्यातील ऑक्सिजन शोषून घेतला जातो व शरीराला पुरविला जातो. बेडूक, कासव हे सुद्धा जलचर आहेत पण त्यांना ऑक्सिजन घेण्यासाठी वारंवार पाण्याच्या पृष्ठभागावर यावे लागते. माशांना मात्र पाण्यातल्या पाण्यात ऑक्सिजन घेता येतो. बेडूक, कासव यांच्या श्वसनसंस्था माशांच्या श्वसन संस्थेपेक्षा वेगळ्या आहेत.

१२९. जडत्वाचा नियम कोणता ?

आपली विराम अवस्था किंवा सरळ रेषेतील एक समान वेगाने गतिमान असण्याची अवस्था कायम ठेवण्याच्या वस्तुच्या या प्रवृत्तीला जडत्व असे म्हणतात.

वस्तुचे वस्तूमान जास्त असल्यास तिच्या अंगी असलेले जडत्व जास्त असते तर वस्तूमान कमी असल्यास जडत्व कमी असते. खेळपट्टीवर फिरवायचा रूळ स्थिर असताना गतिमान करण्यास बरेच बल लावावे लागते. कारण जडत्वाच्या गुणधर्मामुळे तो आपली स्थिर अवस्था बदलण्यास बराच विरोध करतो. एकदा तो गतिमान झाल्यावर त्याला स्थिर करण्यासाठीही बरेच बल प्रयुक्त करावे लागते.

१३०. जलविद्युत केंद्र व औष्णिक वीज केंद्र यात काय फरक आहे ?

जलविद्युत केंद्रात खूप उंचावरून पडणारे पाणी पाईपाद्वारे खाली आणतात व ते पात्यापात्याच्या चाकावर सोडतात. त्यामुळे चाक खूप वेगाने फिरते व त्यात शक्ती सुद्धा बरीच असते. ह्या फिरणाऱ्या चाकाची गती पट्ट्याच्या सहाय्याने किंवा इतर उपकरणाने विद्युत निर्माण करणाऱ्या जनित्रास देतात. त्यामुळे जनित्र फिरू लागते. जनित्र फिरू लागले म्हणजे वीज तयार होते.

जलविद्युत केंद्र

औष्णिक वीज केंद्रात दगडी कोळसा जाळून खूप उष्णता तयार करतात. ह्या उष्णतेने मोठमोठ्या बॉयलरमध्ये पाणी गरम करून त्याची वाफ तयार करतात. प्रचंड दाबाची ही वाफ टर्बाईनमध्ये नेतात. त्यामुळे टर्बाईनची चाके जोराने फिरू लागतात. टर्बाईनच्या चाकाची गती जनित्राला दिल्यावर त्यात वीज तयार होऊ लागते.

अशा प्रकारे जलविद्युत केंद्र पाण्यावर चालते व औष्णिक वीज केंद्र कोळशाच्या उष्णतेवर चालते.

१३१. जाड काचेच्या पेल्यात गरम चहा ओतला असता तो तडकतो पण पातळ काचेच्या पेल्यात तोच चहा ओतला असता काच का तडकत नाही ?

काच उष्णतेचा दुर्वाहक आहे. त्यामुळे जाड काचेच्या थंड पेल्यात गरम चहा ओतला असता पेल्याचा आतील पृष्ठभाग एकदम प्रसरण पावतो पण बाहेरील भाग मात्र थंड असल्याने मूळ स्थितीत असतो. त्यामुळे काचेवर ताण

पडतो व काच तडकते. या उलट पातळ काचेचा पेला असेल तर त्यात गरम चहा ओतल्याबरोबर आतील भागाबरोबर बाहेरील भागसुद्धा प्रसरण पावतो. दोन्ही भाग प्रसरण पावल्यामुळे काचेवर ताण पडत नाही. म्हणून पातळ काचेचा पेला तडकत नाही.

१३२. जुळी मुले कशी जन्माला येतात ?

जुळ्या बालकांचा जन्म दोन प्रकारे होतो. १) फलीत स्त्री बीजाचे काही कारणाने दोन भाग होतात आणि हे दोन भाग नंतर स्वतंत्रपणे विकसित होऊन दोन बालके जन्माला येतात. अशी जुळी बालके एकाच लिंगाची व प्रतिरूप असतात. २) स्त्रीच्या बीजांड कोशातून एकाच वेळी दोन स्त्री बीजे सोडली जातात व फलीत होऊन विकास पावतात. अशा प्रकारे जन्मलेली जुळी बालके लिंगाने, रूपाने आणि इतर बाबतीतही भिन्न असू शकतात.

१३३. झाडाच्या मुळाजवळ जास्त खत टाकले असता झाड का सुकते ?

झाडाच्या मुळामधून जमिनीतील द्रव पदार्थ तर्षणाने (osmosis) रसवाहिन्यात ओढले जातात. या रसवाहिन्यात जमिनीतील द्रव पदार्थपिक्षा जास्त घनतेचा द्रव पदार्थ भरलेला असतो. हा द्रव पदार्थ जमिनीतील कमी घनतेच्या द्रव पदार्थास ओढून घेतो व झाडाच्या सर्व भागाकडे पाठवितो. आपण झाडाच्या मुळाजवळ जास्त खत टाकले तर ते पाण्यात विरघळून संपृक्त व जास्त घनतेचे द्रावण तयार होते. त्याची घनता रसवाहिन्यातील द्रवाच्या घनतेपेक्षा जास्त होते. त्यामुळे ह्या द्रवाकडे झाडातील रसवाहिन्यातील कमी घनतेचा द्रव पदार्थ ओढला जातो. अशा प्रकारे झाडातील पाणी बाहेर ओढले गेल्यामुळे पाण्याअभावी ते झाड सुकून जाते.

१३४. टार्चच्या बल्बपेक्षा सेल वारंवार नवीन आणावे का लागतात ?

टार्चच्या बल्बमध्ये टंगस्टन धातूची बारीक स्प्रिंग बसविलेली असते. तिचा द्रावणांक खूप जास्त असतो. शिवाय बल्बमध्ये ऑरगॉनसारखा निष्क्रीय वायू भरलेला असतो. त्यामुळे ह्या तारेचे उष्णतेमुळे विलयन होत नाही किंवा त्याची

राखसुद्धा होत नाही. कारण सेलचे होल्टेज कमी असते. त्यामुळे बल्ब बरेच दिवस टिकतो. या उलट सेलचे आहे. सेलमध्ये जस्त आणि नवसागर यांची क्रिया होऊन विद्युत प्रवाह तयार होतो पण या क्रियेत जस्ताची डबी हळुहळू झिजत जाते व तिला भोके पडतात म्हणून क्रिया बंद पडते. त्यामुळे सेलपासून निघणारा विद्युतप्रवाह खंडीत होतो. म्हणून ते टाकून देऊन नवीन सेल टार्चमध्ये घालावे लागतात.

१३५. टर्बाईन म्हणजे काय ? त्याचा उपयोग कोठे होतो ?

ज्या चाकाच्या परिघावर पाते बसविलेले असतात त्याला टर्बाईन म्हणतात. हे चाक दोन आधारावर बसविलेले असते. ते आडवे किंवा उभे कसेही राहू शकते. ह्या चाकाच्या पात्यावर वाफेचा किंवा पाण्याच्या प्रवाहाचा जोरदार झोत सोडला की ते वेगाने फिरू लागते. ह्या गतिचा उपयोग करून विद्युत जनित्र किंवा इतर यंत्रे फिरविली जातात.

१३६. टिनपत्रे किंवा सिमेंटचे छत असलेल्या घरापेक्षा गवती छप्पर असलेले घर उन्हाळ्यात थंड का वाटते ?

उन्हाळ्याच्या दिवसात टिनपत्रे तापतात कारण ते उष्णता वाहक असतात. सिमेंटच्या छतात लोखंडी गज असतात. त्यामुळे ते सुद्धा उन्हाने गरम होतात. गवत किंवा लाकूड मात्र उष्णतेचे दुर्वाहक असल्याने लवकर तापत नाही. तापले तरी टिनपत्र्याइतके तापत नाहीत. म्हणून गवताची घरे उन्हाळ्यात थंड वाटतात.

१३७. टार्चमध्ये बल्बच्या मागे अंतर्वक्र परावर्तक का बसविलेला असतो ?

अंतर्गोल परावर्तकाचा गुणधर्म असा आहे की त्यावर पडलेले प्रकाशकिरण एकत्र करून समोरच्या बाजूकडे समांतर रूपात परावर्तित करणे. त्यामुळे बल्बच्या

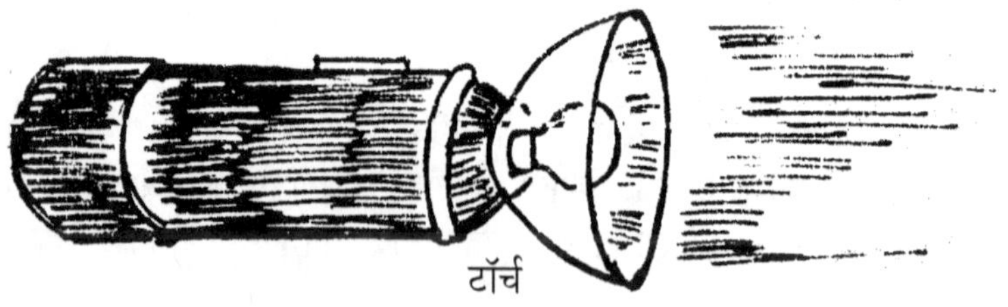

मागे जो प्रकाश वाया जात असतो तो एकत्र करून समोर फेकला जातो. त्यामुळे टार्चचा प्रकाश प्रखर पडतो व अंधारातील वस्तू स्पष्ट दिसतात.

१३८. टेबल लँपमध्ये अंतर्वक्र परावर्तक वापरतात तर रस्त्यावरील दिव्यामध्ये बहिर्वक्र परावर्तक वापरतात असे का ?

टेबलावरील दिव्याच्या परावर्तकाचे कार्य दिव्याचा सर्व प्रकाश कमी क्षेत्रफळाच्या पृष्ठभागावर एकत्र करणे आहे. टेबलाच्या दिव्यामध्ये अंतर्वक्र परावर्तक वापरल्याने त्याच्या नाभीपाशी असलेल्या विजेच्या दिव्याचा प्रकाश एकत्रित केला जाऊन मुख्य अक्षाला समांतर जातो व वस्तू स्पष्ट पाहता येते.

उलटपक्षी बहिर्वक्र आरशासमोर ठेवलेल्या दिव्याचा प्रकाश सर्व दिशांना पसरतो. आजुबाजूचे विशाल क्षेत्र प्रकाशित करणे हे रस्त्यावरील दिव्याचे कार्य असल्याने प्रकाश सर्व दिशांना पसरविण्यासाठी रस्त्यावरील दिव्यामध्ये बहिर्वक्र परावर्तक वापरतात.

१३९. डायनोसॉरचे वजन किती होते ?

डायनोसॉर हा शब्द 'भयंकर पाल' या अर्थी ग्रीक भाषेत आला आहे. याची विभागणी दोन वर्गात केली जाते. १) सोरेशिया २) आर्निथिशिया. सरड्यासारख्या सोरेशियाचे आणखी दोन प्रकार आहेत. (१) सोरोपॉड (२) थेरोपॉड.

सोरोपॉडस् हे सर्वात विशाल डायनोसॉर होते. त्यात ब्रॉन्टोसोरस या अवाढव्य जड डायनोसॉरचा समावेश होतो. त्याची लांबी २५ मीटर व वजन ४५ मेट्रिक टन होते.

डायनोसॉर

ब्रॉन्टोसोरसपेक्षा ही 'ब्रॉचिओसॉरस' सर्व डायनोसॉरमध्ये अधिक विशाल होते. त्यांचे वजन ८५ मेट्रिक टन होते. थेरोपॉडस हे सोरोपॉडसची शिकार करत टिर्नोरस हा सर्व मांसाहारी डायनोसॉरमध्येही सर्वाधिक भयकारी व प्रचंड होता. त्याचे दात टोकदार व १५ सें. मी. लांब होते. त्या डायनोसॉरची लांबी ६ मीटर व वजन १० टन होते.

१४०. 'डॉल्फिन' हा कशा प्रकारचा मासा आहे ?

डॉल्फिन हा खोल समुद्रात राहणारा मासा आहे. त्याची लांबी साधारणपणे दहा फूट असते. त्याचे तोंड पक्ष्याच्या चोचीप्रमाणे असते. त्याचा पोहण्याचा वेग दर ताशी ३० ते ६० मैल असतो. तो सस्तन प्राणी असल्यामुळे अंडी घालत

डॉल्फिन

नाही. त्याला पिल्ले होतात व तो त्यांना दूध पाजतो. त्याला बत्तीस प्रकारचे आवाज काढता येतात. तो माणसाप्रमाणे हसू व ओरडू शकतो. आपल्या दूरच्या प्रवासात हे मासे एकमेकांशी एका विशेष प्रकारच्या ध्वनिलहरींनी संपर्क साधतात.

मानवानंतर डॉल्फिन हा जगातील सर्वांत बुद्धिमान प्राणी आहे. त्याच्या व मानवाच्या मेंदूत बरेच साम्य आहे. डॉल्फिनला न्युमोनिया व हृदयविकार होतात.

१४१. डोळ्याच्या बुबुळाचा रंग वेगवेगळा का असतो ?

आपल्या डोळ्यामध्ये असलेल्या आयरिसमुळे (रंध्रपटल) आपल्या डोळ्याला रंग प्राप्त होतो. आयरिसमध्ये 'मेलोनिन' नामक रंगद्रव्य असते. मेलोनिनचे प्रमाण अधिक असेल तर डोळ्यांचा रंग तपकिरी किंवा बदामी होतो. मेलोनिनचे प्रमाण कमी असेल तर डोळ्यांचा रंग घारा किंवा निळा होतो. कधी कधी मेलोनिन हे द्रव्य आयरिसमध्ये असत नाही. अशा प्रकारच्या डोळ्यांना सूर्यमुखी (अल्बिनो) म्हणतात. या डोळ्यांचा रंग गुलाबी असतो.

१४२. डोळ्याची समायोजन शक्ती म्हणजे काय ?

डोळ्यामध्ये नेत्रभिंग व दृष्टिपटल यांचे अंतर ठरलेले असते. नेत्रभिंगामुळे दृष्टिपटलावर डोळ्याच्या समोर असणाऱ्या वस्तुची प्रतिमा उमटते. जसजसा पदार्थ डोळ्याकडे येऊ लागतो तसतशी दृष्टिपटलावरील प्रतिमा दृष्टिपटलाच्या मागे मागे जाऊ लागते. ती पुन्हा दृष्टिपटलावर आणण्यासाठी नेत्रभिंगाचा फुगीरपणा वाढवावा लागतो. नेत्रभिंगाच्या बाजूला बसविलेले दोन स्नायू नेत्रभिंगास दाबून हे काम करतात. त्याचप्रमाणे जेव्हा पदार्थ डोळ्याच्या समोर दूरदूर जाऊ लागतो; त्यावेळी त्याची दृष्टिपटलावरील प्रतिमा दृष्टिपटलाच्या समोर येऊ लागते. ती पुन्हा दृष्टिपटलावर आणण्यासाठी भिंगाचा फुगीरपणा कमी करावा लागतो. भिंगाच्या दोन बाजूंना असलेले स्नायू भिंगाला ताणतात व फुगीरपणा कमी करतात. अशाने प्रतिमा पुन्हा दृष्टिपटलावर स्पष्ट उमटते. नेत्रभिंगाचा फुगीरपणा वाढविणे व कमी करणे यालाच डोळ्याची समायोजन शक्ती म्हणतात.

१४३. तरफेचे प्रकार कोणते आहेत ?

एका स्थिर बिंदूभोवती गरगर फिरणाऱ्या ताठ गजास किंवा कांबीस तरफ म्हणतात. तरफ हे अत्यंत साधे मूलभूत यंत्र आहे. तरफ ज्या बिंदूशी टेकलेली असते त्याला 'टेकू' म्हणतात. तरफेच्या टेकूच्या एका बाजूस वजन व दुसऱ्या

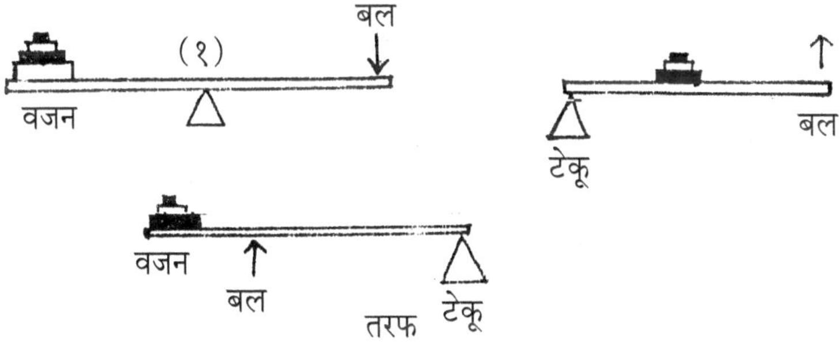

बाजूस शक्ती असते. टेकूपासून वजनापर्यंतच्या अंतरास वजनभुजा किंवा भारभुजा म्हणतात. बल, टेकू व भार यांच्या स्थानावरून तरफेचे तीन प्रकार पडतात.

१) पहिल्या प्रकारात मध्यभागी टेकू व दोन्ही कडेला शक्ती असते. कात्री, तराजू, सी-सॉ ची फळी ही त्यांची उदाहरणे आहेत.

२) दुसऱ्या प्रकारात एका टोकाशी टेकू, मध्यभागी वजन व दुसऱ्या टोकाशी शक्ती असते. अडकित्ता, हमालाची गाडी, चुन्यांचा घाणा ही त्याची उदाहरणे होत.

३) तिसऱ्या प्रकारात मध्यभागी शक्ती व दोन टोकांना टेकू व वजन असतात. कोळसे उचलण्याचा चिमटा, आगवाल्याचे फावडे ही त्याची उदाहरणे आहेत.

१४४. तळताना कधी कधी कढईतील तेल का पेट घेते ?

तळताना तेल कधी कधी पेट घेते हे समजून घेण्यासाठी भौतिक शास्त्रातील ज्वलनाच्या तीन 'टी' (T) चा नियम समजून घेणे आवश्यक आहे. कोणताही पदार्थ पेटण्यासाठी टेंपरेचर, टाईम व टर्ब्युलन्स अशा तीन 'टी' ची गरज असते. प्रत्येक पदार्थाचा ज्वलनबिंदू ठरलेला असतो. त्या तापमानापर्यंत पदार्थ तापवावा लागतो. ते तापमान काही वेळ स्थिर असावे लागते. हवेतील प्राणवायूशी त्याचा संबंध येऊन वातावरण प्रक्षुब्ध व्हावे लागते. कढईतील तेल तापलेले असते. ते फ्लॅश पॉईंटपर्यंत जवळ जवळ पोचलेले असते. अशा वेळी कढईतील पहिला घाणा पुऱ्या किंवा भजी काढून घेऊन दुसरा घाणा टाकण्यास विलंब लागला तर तेल पेट घेते. नवीन टाकलेल्या घाण्यात पाण्याचा अंश बराच असेल तर ते पाणी तेलाचे तापमान फ्लॅश पॉईंटपर्यंत जाऊ देत नाही. तेलाचा नेहमी पृष्ठभागच पेट घेतो. कारण तेथेच त्याचा हवेशी संयोग होतो. खाद्य तेलात खनिज तेलाची भेसळ असेल तर हा धोका जास्त संभवतो.

१४५. तापविल्यानंतर दूध उतू का जाते ?

दूध हे एक मिश्रण आहे. पाणी हा त्याचा घटक आहे. या पाण्यात प्रथिने, स्निग्ध पदार्थ निलंबित अवस्थेत असतात. दूध तापविण्यासाठी विस्तवावर ठेवल्यानंतर स्निग्ध घटकांचे कण वरील भागात जमा होतात आणि त्या कणाचा पापुद्रा (सायीचा थर) तयार होतो. उष्णतेमुळे तयार होणारी पाण्याची वाफ या सायीच्या थरामुळे अडविली जाते. वाफ बाहेर पडण्याचा मार्ग बंद होतो. त्यामुळे थराखाली दाब निर्माण होतो व हा थर उचलला जाऊन दूध उतू जाते.

१४६. तेल व पाणी एकमेकात का मिसळत नाहीत ?

तेल आणि पाण्याचे रेणू एकमेकापेक्षा भिन्न असल्यामुळे दोघांचे एकजीव मिश्रण होत नाही. तेलाचे रेणू पाण्याच्या रेणूपेक्षा बरेच मोठे असून त्यात अणूंची संख्या ही जास्त असते. जेव्हा दोन द्रव पदार्थ एकमेकात मिसळतात तेव्हा त्यांचे रेणू एकाच प्रकारचे असतात. उदा. पाणी व दूध. तेल आणि पाण्याचे रेणू मात्र एकमेकांपासून अलग अलग राहणेच पसंत करतात.

१४७. तापमापी नेहमी फुग्याच्या ठिकाणीच का फुटते ?

तापमापीचा उपयोग ताप मोजण्यासाठी होतो. अंगातील तापामुळे पारा लवकर प्रसरण पावून तो तापमापीत वर सरकण्यासाठी तापमापीची रचना केलेली असते. तापमापी जाड काचेची तयार करतात. ह्या जाड नळीला केसासारखे बारीक छिद्र असते. त्यात प्रसरण पावलेला पारा भराभर पुढे सरकताना दिसतो. तापमापीच्या खालच्या टोकाला ह्या नळीला पातळ काचेचा फुगा असतो व त्यात पारा भरलेला असतो. फुग्याची काच जर जाड घेतली तर ती तापण्यास वेळ लागेल व त्यातील पारा प्रसरण पावण्यास आणखी वेळ लागेल म्हणून हा फुगा पातळ काचेचा बनविलेला असतो. तापमापीमध्ये हाच भाग नाजूक असतो. त्याला थोडा जरी धक्का लागला तरी तो फुटतो. म्हणून तापमापी वापरताना काळजी घ्यावी लागते.

१४८. तेलवाहू मालमोटारीच्या (टँकर) मागच्या बाजूला जमिनीवर घासत जाणारी लोखंडी साखळी लोंबत का ठेवतात ?

तेलवाहू मालमोटारीचे वजन जास्त असते. त्यातील तेलसुद्धा ज्वालाग्रही असते. जास्त वजनामुळे माल-मोटारीचे रबरी टायर डांबराच्या सडकेला घासून चालत असतात. ह्या घर्षणामुळे टायर आणि सडक यांच्यामध्ये घर्षण विद्युत तयार होते. तिचे परिणामसुद्धा मोठे असते. त्यामुळे स्पार्किंग होऊन ठिणगी पडण्याची शक्यता असते.

अशा वेळी ठिणगी जर मोठी पडली तर तेलवाहू मालमोटार भडकून स्फोट होऊ शकतो. हा अपघात टाळण्यासाठी मालमोटारीच्या मागील लोखंडी भागाला एक लांब, जाड, लोखंडी साखळी जोडलेली असते. तिचे खालचे टोक सडकेवर टेकून घासत जात असते. त्यामुळे मालवाहू मोटारीमध्ये तयार झालेली घर्षण विद्युत साखळीतून जमिनीत निघून जाते. त्यामुळे स्पार्किंग होत नाही व ठिणगी पडत नाही. अशा तऱ्हेने टँकर पेटण्याचा संभव कमी होतो व अपघात टळतो.

१४९. तापमापीत पाऱ्याचाच उपयोग का करतात ?

पारा अपारदर्शक व चकचकीत असल्याने तो काचेतून स्पष्ट दिसतो.

त्यामुळे तापमानाचे वाचन करणे सोपे होते. पारा उष्णतेचा सुवाहक आहे. तापमानातील फरकामुळे पाऱ्याचे होणारे आकुंचन व प्रसरण चटकन व समान होते. पारा काचेला चिकटत नाही. म्हणून तापमान कमी होत असताना नळीतील सर्व पारा फुग्यात उतरतो. त्यामुळे प्रसरण पावणाऱ्या पाऱ्याची मात्रा सतत कायम राहत आणि तापमान वाचनात चूक होत नाही. उष्णतेमुळे होणारे पाऱ्याचे प्रसरण सर्व तापमानावर साधारणपणे समान असते. पाऱ्याचा गोठणांक -३९° से आहे व उत्कलनांक ३५०° सें. आहे. म्हणजेच पाऱ्याची द्रवरूपात राहण्याची मर्यादा ३९६° से. आहे. त्यामुळे या मर्यादेतील तापमान पाऱ्याच्या तापमापीने मोजता येते.

१५०. तांब्या-पितळेच्या भांड्यांना कल्हई करताना नवसागर वापरण्याचे कारण काय ?

नवसागराला इंग्रजीत अमोनियम क्लोराईड म्हणतात. अमोनिया आणि हायड्रोक्लोरिक आम्ल यांच्या रासायनिक संयोगाने तो तयार होतो. कल्हई करणारा माणूस प्रथम भट्टीत भांडे लाल होईपर्यंत तापवितो. नंतर त्याच्या आत नवसागराची पूड टाकतो. उष्णतेने नवसागरातील घटक द्रव्ये विभक्त होतात. हायड्रोक्लोरिक आम्ल ह्या घटकामुळे परिणाम होऊन भांड्याचा पृष्ठभाग स्वच्छ होतो. ह्या स्वच्छ पृष्ठभागावर थोडेसे कथील लावून कापसाच्या बोळ्याने भराभर घासून ते भांड्याच्या आतील भागावर पसरविले जाते. नंतर ते भांडे पाण्यात बुडविले की कल्हई पक्की होते. अशा प्रकारे भांडे स्वच्छ करण्यासाठी नवसागराचा उपयोग होतो.

१५१. तेलाच्या साठ्याला लागलेली आग विझविण्या-साठी त्यावर अपमार्जकाचे द्रावण का फवारतात ?

ज्वलनशील पदार्थ त्याच्या ज्वलनांकापेक्षा कमी तापमानावर जळत नाही. पाण्याच्या माऱ्यामुळे तेलाला लागलेली आग विझण्याऐवजी पसरते कारण तेल पाण्यावर तरंगते. जळणाऱ्या तेलावर फेस देणाऱ्या पदार्थाचा मारा केला तर तेलाचा हवेशी संपर्क तुटतो व ऑक्सिजन न मिळाल्याने ज्वलन थांबते. अपमार्जकाची द्रावणे उत्तम फेस देणारी असल्याने या पद्धतीने आग विझविण्यासाठी त्यांचा उपयोग होतो.

१५२. तारायंत्र कसे काम करते ?

सांकेतिक भाषेत संकेत किंवा बातमी पाठविण्यासाठी तारायंत्र वापरतात. यामध्ये ग्राहक व प्रेषक असे दोन भाग असतात. प्रेषकामधील बटन दाबले की ग्राहकामध्ये कड् असा आवाज येतो. प्रेषकाचे बटन सोडले की कट् असा आवाज होतो. हे कड् कट् असे आवाज ठराविक पद्धतीने काढले की सांकेतिक भाषा तयार होते व तिच्यातून संदेश पाठविता येतो. प्रेषकामध्ये संदेश पाठविण्यासाठी साधे बटन असते. ग्राहकामध्ये एक विद्युत चुंबक असून त्याच्यासमोर लोखंडी पट्टी आडवी लावलेली असते. प्रेषकाचे बटन दाबले की तारेतून वीजप्रवाह ग्राहकाच्या विद्युत चुंबकात येतो व त्यातील चुंबकत्व जागृत झाल्याने लोखंडी पट्टीला ओढून घेतो. त्यामुळे पट्टी आपटून कड् असा आवाज तयार होतो. बटन सोडले की पट्टी परत जाऊन एका खिळ्यावर आपटते व कट् असा आवाज होतो. कड् कट् या आवाजाने तयार होणारी सांकेतिक अक्षरे पुढे दिली आहेत. अशी अक्षरे मिळून एक शब्द व शब्द मिळून वाक्य तयार होते. कड् म्हणजे

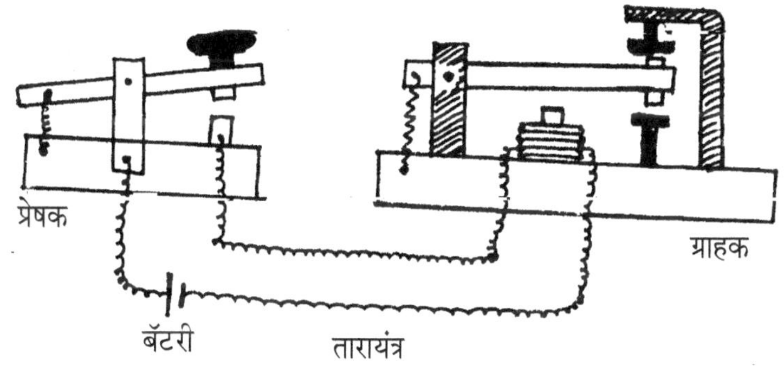

(●) व कट् म्हणजे (−)

A = (● −)	D = (− ● ●)	G = (− − ●)
B = (− ● ● ●)	E = (●)	H = (● ● ● ●)
C = (− ● − ●)	F = (● ● − ●)	I = (● ●)
J = (● − − −)	P = (● − − ●)	V = (● ● ● −)
K = (− ● −)	Q = (− − ● −)	W = (● − −)
L = (● − ● ●)	R = (● − ●)	X = (− ● ● −)
M = (− −)	S = (● ● ●)	Y = (− ● − −)
N = (− ●)	T = (−)	Z = (− − ● ●)
O = (− − −)	U = (● ● −)	

समजा, I am a boy. असा संदेश पाठवायचा असेल तर तो तारायंत्राने पुढीलप्रमाणे पाठविता येईल–

I	am	a	b	o	y
●● /	● – /	– – /	● – /	– ●●● /	– – – /	– ● – –

१५३. 'थ्री-पीन' मध्ये एक पीन मोठी का असते ?

प्लग सॉकेटच्या सहाय्याने विद्युत उपकरण विद्युत मार्गाशी जोडले जाते. तीन पीना असलेल्या प्लग वा सॉकेटमध्ये एक पीन फेजला, दुसरी न्युट्रलला आणि तिसरी पीन अर्थिंगला जोडली जाते. म्हणूनच प्लगची अर्थिंग पीन सॉकेटच्या अर्थिंगला जोडली जाणे गरजेचे असते. अन्यथा शार्ट सर्किट होण्याचा वा विद्युतमार्ग अपूर्ण राहण्याचा धोका असतो. ही क्रिया सोपी व निश्चित करण्यासाठी प्लगची एक पीन ज्याला अर्थिंग पीन म्हणतात, इतर दोन पीनांपेक्षा आकाराने मोठी व लांब बनविली जाते. ज्यामुळे ती सॉकेटच्या अर्थिंगवाल्या खाचेतच स्थापित होऊ शकेल, अन्य कशामध्ये नाही. प्लग सॉकेटमध्ये जोडताना अर्थिंग पीन अधिक लांब व जाड असल्याने प्रथम अर्थिंगचा मार्ग पूर्ण होतो व नंतर फेजचा व न्युट्रलचा. त्याचप्रमाणे अर्थिंग पीन लांब व जाड असल्याने केवळ दंडगोलाकार पीनचेच क्षेत्रफळ अधिक होत नाही तर तिचे पृष्ठीय क्षेत्रफळही इतर दोन पीनांपेक्षा जास्त होते. क्षेत्रफळ अधिक झाल्याने अर्थिंग पीनचा प्रवाह वाहून नेण्याची क्षमता वाढते. तसेच अधिक पृष्ठीय क्षेत्रफळाच्या कारणाने प्लग सॉकेटशी जोडण्याच्या स्थितीमध्ये 'कॉन्टॅक्ट रेझिस्टंस्' देखील कमी होतो. ज्याच्या परिणाम स्वरूप उपकरणे अथवा व्यक्ती सुरक्षित राहते.

१५४. थर्मासच्या शिशीत गरम वस्तू बराच वेळ गरम व थंड वस्तू बराच वेळ थंड का राहते ?

थर्मासची शिशी दुहेरी काचेची बनविलेली असते. म्हणजे दोन शिशी एकात एक बसवून चिकटविल्याप्रमाणे असतात. आतील शिशीचा बाहेरील भागावर व बाहेरील शिशीच्या आतील बाजूने चांदीचा मुलामा देऊन चकचकीत केलेला असतो. शिशीच्या दोन भिंतीतील हवा काढून

घेतल्यामुळे त्यातून उष्णतेची किरणे वाहत नाहीत. थर्मासमध्ये गरम चहा भरला तर त्यातून निघालेली उष्णता किरणे चकचकीत भिंतीमुळे आतल्या आत परावर्तन पावतात. त्याचप्रमाणे बाहेरून येणारी थंडीची किरणे परावर्तित होतात. काही आत आली तर निर्वात प्रदेशातून माध्यमाच्या अभावी गरम चहापर्यंत पोचत नाहीत. त्यामुळे चहा बराच वेळ गरम राहतो.

१५५. थंडीच्या दिवसात थंड प्रदेशातील खडक फुटण्यास पाणी कसे काय कारणीभूत होते ?

थंड प्रदेशात खडकाच्या भेगात पाणी भरलेले असते. ह्या ठिकाणी बरेच वेळा वातावरणाचे तापमान ०°c च्या खाली उतरते. ह्या तापमानावर पाण्याचे बर्फात रूपांतर होते. खडकातील भेगात असलेल्या पाण्याचे बर्फात रूपांतर होताना त्याच्या आकारमानात वाढ होते व त्यामुळे खडकाच्या भिंतीवर दाब पडून त्याची भेग रूंद होते. हीच क्रिया वारंवार झाली म्हणजे भेग खूप रूंद होते व खडक फुटून त्याचे तुकडे होतात. हे सर्व पाण्याच्या असंगत आचरणामुळे घडते.

१५६. थंडीच्या दिवसात थंड प्रदेशातील नळ का फुटतात ?

थंड प्रदेशात बरेच वेळा वातावरणाचे तापमान ०° c सें. च्या खाली जाते. पाण्याच्या असंगत आचरणामुळे ४° से. च्या खाली त्याचे तापमान गेल्यावर त्याचे बर्फ बनते व आकारमान वाढते. वाढलेल्या आकारमानाचा दाब नळावर पडून नळ फुटतात.

१५७. दुतोंड्या साप कसा असतो ?

एकदा एक आणि नंतर विरूद्ध बोलणाऱ्या व्यक्तीस आपण अगदी सहज 'दुतोंड्या साप' म्हणतो; परंतु गंमत अशी की दोन तोंडाचा साप मुळी अस्तित्वातच नाही. 'एरिक्स जॉनाय' या नावाच्या सापाला एकच तोंड असते. शेपटी जाड व चपटी असते. म्हणून ती तोंडासारखी दिसते इतकेच. हा एक बिनविषारी व निरूपद्रवी साप आहे. गारूडी मात्र त्याच्या चपट्या शेपटीला चिरा देऊन दुतोंड्या साप बनवितो आणि प्रेक्षकांनाही तो बनवतो. त्याच्या पुंगीने नाग कधीच डोलत नाही. कारण त्याला कानच नसतात. नाग हा कधीच दूध पीत नाही. गारूडी त्याला तहानलेला व उपाशी ठेवतो. त्यामुळे नाईलाजाने दुधावर तहान भागवावी लागते. आपण मात्र भक्तीभावाने मान डोलावतो. आपल्या पारंपरिक

कविकल्पनांना धक्का न लागू देण्याचे काम हे गारूडी करीत असतात.

१५८. दाताची तपासणी करण्यासाठी दंतवैद्य अंतर्वक्र आरसा बसविलेला चमचा का वापरतात ?

अंतर्वक्र आरशाच्या नाभीय अंतराच्या आत ठेवलेल्या वस्तुची मोठी व सरळ प्रतिमा मिळते. दाताची तपासणी करण्याकरिता अंतर्वक्र आरसा बसविलेला चमचा वापरल्याने दाताची व दाढांची विशाल प्रतिमा दिसू शकते व त्यामुळे दातातील खड्डे व इतर दोष स्पष्टपणे पाहता येतात.

१५९. दिव्याच्या ज्योतीचे टोक नेहमी वरच का असते ?

पेटलेल्या दिव्याचीच नाही तर मेणबत्तीची, आगकाडीची व पेटत्या लाकडाची ज्योत नेहमी वर असते; कारण ह्या इंधनात कार्बन व हायड्रोजन असतात. जेव्हा हे पदार्थ जळतात तेव्हा कार्बनचा हवेतील ऑक्सिजनशी संयोग होऊन कार्बन-डाय-ऑक्साईड तयार होतो. हायड्रोजनचा ऑक्सिजनशी संयोग होऊन पाण्याची वाफ तयार होते. इतरही काही वायू तयार होतात. या ज्वलन प्रक्रियेमुळे उष्णता व प्रकाश तयार होतात. अशा जळणाच्या वायूमुळेच ज्योत तयार होते. ज्वलन क्रियेतील वायू हवेपेक्षा हलके असल्याने ते वर जातात. त्यामुळे ज्योत वरच्या बाजूला जाते.

१६०. दव व धुके कसे तयार होते ?

ठराविक तापमानास हवेच्या ठराविक आकारमानात काही विशिष्ट मर्यादेपर्यंतच पाण्याची वाफ सामावली जाऊ शकते. सामान्यत: दिवसा हवेचे तापमान अधिक असल्याने समाविष्ट पाण्याच्या वाफेने हवा संपृक्त होऊ शकत नाही.

तापमान कमी झाल्यावर हवेची पाण्याची वाफ सामावून घेण्याची क्षमता कमी होते. हिवाळ्यात रात्रीच्या वेळी हवेचे तापमान दवबिंदूइतके कमी होऊ शकते. तापमान दवबिंदूपेक्षा खाली गेल्यास हवेतील पाण्याच्या वाफेचे संघनन होते व ती थंड पृष्ठभागावर जमा होते. थंड पृष्ठभागावर जमा झालेल्या या पाण्याला दव म्हणतात. जेव्हा हवेतील पाण्याच्या वाफेचे संघनन वातावरणातील सूक्ष्म धुलीकणांवर होते तेव्हा धुके तयार होते.

१६१. दूरदर्शन संचाचे कार्य कसे चालते ?

दूरदर्शन संचाचे कार्य हे दृष्टिसातत्याच्या तत्वावर आधारलेले आहे. दूरदर्शन संचामध्ये एक बहिर्वक्र काचेचा पडदा असलेली कॅथोड नलिका वापरण्यात येते. या पडद्याच्या आतील बाजूस प्रतिदिप्तीशील पदार्थाचा लेप लावला जातो. त्यामुळे त्यावर कॅथोड किरण नलिकेतून बाहेर पडणाऱ्या इलेक्ट्रॉनच्या शलाकेमुळे तो प्रकाशित होऊन प्रक्षेपित दृष्य दिसू लागते. पडद्यामागील कॅथोडकिरण नलिकेतून कॅथोड किरणाची बारीक शलाका फार मोठ्या वारंवारतेने वरून खाली येते व त्याच वेळी ती पडद्याच्या डावीकडून उजवीकडे सरकते. उजव्या बाजूस तळाशी पोचल्यावर ती चटकन वरच्या डाव्या टोकाला येते व पुन्हा उजवीकडे सरकू लागते. ही क्रिया इतकी वेगाने होत असते की दृष्टिसातत्याच्या तत्वानुसार आपणास शलाकेचे विस्थापन न दिसता एकसंधी चित्र दूरचित्रवाणीच्या पडद्यावर दिसते.

१६२. दिवाळीत उडवला जाणारा अग्निबाण वर कसा जातो ?

दिवाळीत उडवला जाणारा अग्निबाण म्हणजे लांबट आकाराची डबी असते. ह्या दंडगोलाकृती डबीला खालच्या बाजूने एक छिद्र असते. त्या छिद्रातून डबीत भरभर पेटणारी बारूद भरलेली असते व छिद्रात वात बसविलेली असते. वातीचे टोक जमिनीकडे राहील अशा रितीने हा अग्निबाण एका काडीला पक्का करतात. वात पेटविली म्हणजे डबीतील बाऊद जोराने पेटते व तिचा दाब वाढतो. त्यामुळे जळलेले वायू व ठिणग्या खालच्या छिद्रातून अग्निबाण वेगाने बाहेर पडतात त्याच्या उलट जोराने अग्निबाण वरच्या दिशेने आकाशात उडतो.

अग्निबाण

१६३. 'देवीच्या लस'चा शोध कसा लागला ?

एडवर्ड जेन्नर हा शास्त्रज्ञ इंग्लंडच्या बर्कले गावात वैद्यकीय व्यवसाय करीत असे. गायीचे दूध काढणाऱ्या मुलींच्या हातावर पुरळ उठले की त्या जेन्नरकडे उपचार करून घेण्यास येत असत. हा आजार येऊन गेला की आम्हाला देवी रोग होणार नाही असे त्या म्हणत. गावात देवीची साथ आली की पुरळ येऊन

गेलेल्या व्यक्तीला सहसा तो रोग होत नाही हे जेन्नरच्या लक्षात आले. ही लस एखाद्याच्या शरीरात मुद्दाम टोचून त्याच्यामध्ये देवी रोगाविरुद्ध संरक्षण निर्माण करता येईल असा त्याने आडाखा बांधला. त्याचा पडताळा पाहण्यासाठी त्याने जेम्स फिप्स नावाच्या मुलाला एका गवळणीच्या फोडातील लस टोचली. काही दिवस सतत लक्ष ठेवून साथ असतानाही त्याला देवी रोग न झाल्याची जेन्नरने नोंद केली. आणखी तेवीस व्यक्तीवर हाच प्रयोग करून जेन्नरने आपला आडाखा बरोबर असल्याची खात्री करून घेतली आणि देवीपासून बचाव करणारी लस शोधून काढली.

१६४. दुर्बिणीने दूरची वस्तू जवळ व ठळक का दिसते ?

एखादी वस्तू डोळ्याशी जेवढा मोठा कोन करेल तितकी ती वस्तू ठळक व मोठी दिसते. जवळच्या वस्तू डोळ्याशी मोठा कोन करतात म्हणून त्या स्पष्ट दिसतात. दूरच्या वस्तू आकाराने तेवढ्याच असल्या तरी त्यांचा डोळ्याशी

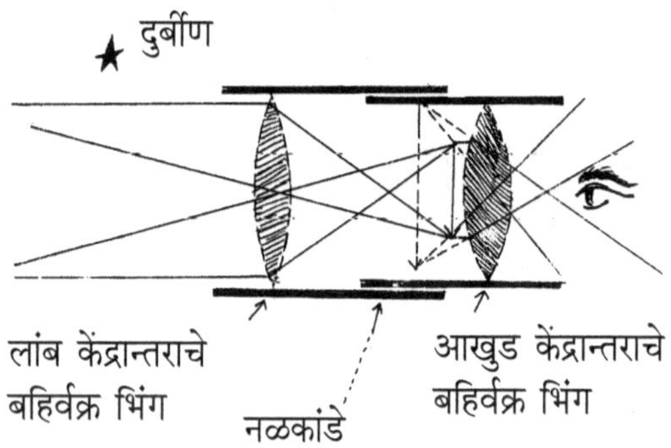

होणारा कोन लहान असतो. त्यामुळे त्या वस्तू लहान दिसून अस्पष्ट दिसतात. दूरच्या वस्तू पाहण्यासाठी दुर्बिण वापरतात. दुर्बिणीत बहिर्गोल भिंगाची विशिष्ट रचना केलेली असते. त्यामुळे दुर्बिणीच्या वस्तुकडील भिंगामुळे वस्तुची उलटी पण खरी प्रतिमा दुर्बिणीच्या आत तयार होते. नेत्रभिंगामुळे ही प्रतिमा मोठी केली जाते. अशा प्रकारे वस्तुचा डोळ्याशी होणारा कोन मोठा होतो व दूरची वस्तू जवळ, मोठी व ठळक दिसू लागते. जंगलातील प्राणी, आकाशातील तारे, जमिनीवरील शर्यती पाहण्यासाठी आवश्यक ते बदल करून निरनिराळ्या प्रकारच्या दुर्बिणी तयार करण्यात येतात.

१६५. दुधाचे दही बनताना कोणत्या क्रिया घडतात ?

दूध तापविल्यामुळे त्यातील सूक्ष्म जीवांचा नाश होतो. ते कोमट झाल्यावर त्यात दही किंवा ताकाचे काही थेंब टाकतात. याला विरजण म्हणतात. दह्यातील सूक्ष्म जीवामार्फत दुधातील लॅक्टोज साखरेचे लॅक्टिक आम्लात रूपांतर होते. त्यामुळे दुधाच्या आम्लतेत वाढ होते आणि द्रव दुधाचे घट्ट दही बनते. सूक्ष्म जैविक किण्वन क्रियेमध्ये लॅक्टिक आम्लाबरोबर डाय ऑसेटीलसारखे कार्बनी पदार्थ तयार होतात. त्यामुळे दह्याला आंबट, मधूर चव आणि विशिष्ट गंध प्राप्त होतो.

१६६. दिष्ट विद्युत धारा व प्रत्यावर्ती विद्युत धारा म्हणजे काय ?

विद्युतधारा म्हणजे वीजप्रवाह. हा दोन प्रकारचा असतो. जो प्रवाह सुरुवातीपासून शेवटपर्यंत एकाच दिशेने वाहतो त्याला दिष्ट विद्युतधारा म्हणतात. टार्च सेल, ॲसिड बॅटरी या पासून मिळणारी विद्युतधारा दिष्ट विद्युतधारा असते. ही विद्युतधारा   या चिन्हाने दाखवितात.

प्रत्यावर्ती विद्युतधारा म्हणजे वारंवार दिशा उलट-सुलट बदलणारी धारा होय. आपण घरात जी वीज वापरतो ती प्रत्यावर्ती विद्युतधारा असते. ही धारा एका सेकंदात ५० वेळा आपली दिशा बदलते. घरातील बल्ब एका सेकंदात ५० वेळा चालू-बंद होतो पण दृष्टिसातत्यामुळे आपणास तो लागलेलाच वाटतो. प्रत्यावर्ती विद्युतधारा या चिन्हाने दाखवितात.

१६७. दगड मारला असता काच तडकून तिचे तुकडे होतात पण बंदुकीची गोळी वेगाने आली तर काचेला छिद्र पाडून पलीकडे का जाते ?

काच हा ठिसूळ पदार्थ आहे. दगडाचा आघात काचेवर होताच त्या आघाताची कंपने चारही बाजूला पसरतात व काच तडकते. बंदुकीची गोळी जेव्हा येते त्यावेळी तिच्यात खूप मोठी गतीज ऊर्जा असते व तिचा वेग खूप असतो. त्यामुळे ती जेव्हा काचेवर आदळते त्यावेळी गतीज ऊर्जेमुळे व वेगामुळे काचेला छिद्र पडते व आघाताची कंपने तयार होण्याच्या अगोदरच ती आरपार निघून जाते. त्यामुळे बंदुकीच्या गोळीने काचेला फक्त गोळी जाण्याएवढे छिद्र पडते पण काच तडकत नाही.

१६८. दोन सपाट काचा पाण्याने ओल्या करून एकमेकीला चिकटविल्या तर त्या सहजासहजी का अलग करता येत नाहीत ?

काचेचा पृष्ठभाग अगदी सपाट असतो. दोन काचा पाण्याने ओल्या करून एकमेकींवर दाबल्या म्हणजे दोहोमधील हवा पूर्णपणे निघून जाते व तेथे निर्वात प्रदेश तयार होतो. ह्या दोन काचांवर दोन्ही बाजूंनी वातावरणाचा प्रचंड दाब असतो. त्यामुळे त्या पक्क्या दाबल्या जातात. पुष्कळ बल लावल्याशिवाय त्या अलग करता येत नाहीत.

१६९. दूरदृष्टिता म्हणजे काय ?

डोळ्याच्या ज्या दोषामध्ये दूरच्या वस्तुची स्पष्ट प्रतिमा दृष्टिपटलावर पडते व ती वस्तू दिसते; पण जवळची वस्तू स्पष्ट दिसत नाही. अशा डोळ्याच्या दोषाला दूरदृष्टीता असे म्हणतात.

१७०. दवबिंदूतून गवताचे पान मोठे का दिसते ?

दवबिंदूचा आकार चेंडूप्रमाणे गोल असतो व तो भरीव असतो. भरीव असल्यामुळे तो थेंब बहिर्वक्र भिंगाप्रमाणे काम करतो. ह्या दवबिंदूतून कोणतीही बारीक वस्तू पाहिली तरी ती मोठी दिसते. तसेच गवताचे पानसुद्धा मोठे दिसते.

१७१. 'धमन्या' व 'शिरा' यांच्यात काय फरक आहे ?

धमन्या व शिरा ह्या रक्तवाहिन्याच आहेत. त्यांच्यामधून सतत रक्तप्रवाह चालु असतो. हृदयापासून निघालेले शुद्ध रक्त शरीराच्या निरनिराळ्या भागाकडे वाहून नेणाऱ्या रक्तवाहिन्यांना 'धमन्या' म्हणतात. शरीराच्या भागाकडून हृदयाकडे रक्त वाहून नेणाऱ्या रक्तवाहिन्यांना 'शिरा' म्हणतात. धमन्या शरीरभर पसरताना त्यांना फाटे फुटतात. त्यांचा व्यास लहान लहान होत जाऊन त्यांचे 'केशिका' मध्ये रूपांतर होते. केशिका शरीरातील पेशीपर्यंत पोचल्यावर त्या एकमेकींना जोडल्या जाऊन त्यांचा व्यास मोठमोठा होत जातो व त्यांचे 'शिरे'त रूपांतर होते. केशिकांची भित्तीका पातळ असते. त्यामुळे रक्तातील ऑक्सिजन, अन्नघटक, संप्रेरके आणि जीवनसत्त्वे पेशींना मिळतात. पेशीतील टाकाऊ पदार्थ रक्तात येतात. ऑक्सिजन कमी झालेल्या रक्ताला अशुद्ध रक्त म्हणतात. हे रक्त शिरेतून हृदयाकडे परत येते.

१७२. ध्वनिमुद्रण कक्षात भिंतींना छिद्रे असलेले खडबडीत पुट्टे का लावतात ?

ध्वनिमुद्रण करताना मूळ आवाजाबरोबर इतर आवाज ध्वनिमुद्रित व्हावयास नको असतो. ध्वनिमुद्रण कक्षाच्या भिंती जर गुळगुळीत असतील तर आवाज भिंतीवर आपटून त्याचा प्रतिध्वनी तयार होईल. मूळ आवाज व प्रतिध्वनी यांचे मिश्रण होऊन गोंधळ तयार होईल. कोणताच आवाज नीट समजणार नाही. खडबडीत पृष्ठभाग हा आवाजाच्या लहरी शोषून घेत असतो व त्यावर आदळलेल्या ध्वनिलहरी शोषून घेतल्यामुळे प्रतिध्वनी निर्माण होत नाही. त्यामुळे ध्वनिमुद्रण करताना फक्त मूळ आवाजाचे ध्वनिमुद्रण होते.

१७३. 'धामण' नावाच्या सापाला शेतकऱ्याचा मित्र का म्हणतात ?

पिवळ्या किंवा चॉकलेटी रंगाचा धामण सर्प भारतात सर्वत्र आढळतो. लांबी २ ते ३ मीटर. उंदीर हे धामणचे आवडते खाद्य. एक धामण वर्षाकाठी ३०० उंदीर फस्त करते आणि सुमारे २ ते ३ टन अन्नधान्य नासाडीपासून वाचविते. धामण झाडावर सहजतेने चढू शकते. धामण हा अंडज सर्प आहे. उंदीर खाऊन अन्नधान्याची नासाडी थांबविल्यामुळे ह्या सापाला शेतकऱ्याचा मित्र म्हणतात. हा बिनविषारी साप आहे.

१७४. धूमकेतू म्हणजे काय ?

धूमकेतू म्हणजे सूर्याभोवती सर्वसाधारणतः अतिशय अंडाकृती मार्गाने परिभ्रमण करणारे आकाशस्थ गोल होत. हे सूर्याच्या जवळ येतात तेव्हा त्यांच्यातील द्रव्याची वाफ होऊन त्यांना कोट्यावधी किलोमीटर लांबीची प्रकाशमान शेपटी तयार होते. हॅलेचा धूमकेतू साधारण ७६ वर्षांत सूर्याभोवती एक प्रदक्षिणा पूर्ण करतो. अलिकडील काळात १९८५-८६ साली हा सूर्याच्या जवळ आला होता. काही धूमकेतू मात्र सूर्याच्या जवळ एकदाच येतात व नंतर अतिशय दूर निघून जातात.

१७५. धावत्या आगगाडीतून खाली उतरल्यावर काही वेळ पर्यंत गाडीच्या दिशेने धावत जाऊन नंतर का थांबावे लागते ?

धावत्या गाडीतून उतरताना आपल्या शरीराला गाडीचा वेग प्राप्त झालेला असतो. गाडीतून एकदम जमिनीवर उडी मारली तर पाय जमिनीला टेकताच ते

स्थिर होतात पण वरील शरीर मात्र गतीतच असते. त्यामुळे शरीर पुढे झुकते व उतरणारी व्यक्ती खाली पडते. म्हणून गाडीतून उतरताना दरवाजाची दांडी धरून गाडी बरोबर पळावे. नंतर दांडी सोडून तसेच पळावे व मग हळुहळू पळण्याचा वेग कमी करून थांबावे.

१७६. 'धमणीकाठीण्य' म्हणजे काय ?

आहारामध्ये संपृक्त स्निग्ध पदार्थ जरुरीपेक्षा अधिक घेतल्यास स्निग्ध पदार्थातील कोलेस्टेरॉलचा थर धमण्याचा आतील भिंतीवर बसतो. त्यामुळे धमन्यातील पोकळी कमी होते. त्या अरुंद होतात. धमन्या अंशत: किंवा पूर्णतः बंद होतात. धमन्यात अडथळा निर्माण होतो. त्यामुळे रक्ताभिसरण कमी होते. धमन्या कडक व जाड होतात. ह्यालाच धमणीकाठीण्य म्हणतात.

१७७. धोक्याच्या ठिकाणी लाल रंगाचा दिवा का लावलेला असतो ?

लाल रंग कोठूनही दिसतो. अंधारात, धुक्यात लाल रंग उठून दिसतो. हिरव्या माळरानावर किंवा शेतात लाल रंगाचा ध्वज उठून दिसतो. ज्या ठिकाणी धोका आहे अशा ठिकाणी लाल रंगाचा दिवा लागल्यामुळे पाहणाऱ्याला त्या ठिकाणी धोका आहे हे चटकन समजते. म्हणून धोक्याच्या ठिकाणी लाल रंगाचा दिवा किंवा लाल रंगाचा बावटा लावतात.

१७८. धरणाची भिंत तिच्या पायाजवळ रुंद का ठेवतात ?

धरणात खूप पाणी जमा झालेले असते. त्याची उंचीसुद्धा भरपूर असते. द्रवाचा दाब द्रवाच्या खोलीशी समानुपाती असतो. तसेच एकाच दिशेने प्रयुक्त केलेला दाब सर्व दिशांना सारखा पारेषित होतो. धरणाच्या भिंतीमुळे एका बाजूला खोल जलाशय बनतो. त्यातील पाण्याचा दाब तळाशी जास्त असतो. तो आडव्या बाजूने भिंतीवर क्रिया करतो. हा दाब सहन करण्याची क्षमता प्राप्त व्हावी म्हणून धरणाची भिंत तिच्या पायाजवळ रुंद असते ?

१७९. नखे कशापासून तयार होतात ?

केरोटीनपासून नखे तयार होतात. याच केरोटीनमुळे जनावरात शिंगे, खुरे आणि पक्ष्यांचे पंख जोडणारी संरचना बनलेली असते. नखाचा आकार स्वाभाविकत:

वाढत असतो. माणसाच्या हाताची नखे दर आठवड्याला ०.५ मि.मी ने व पायांची नखे ०.१ मि.मी.ने वाढत असतात. पूर्ण आयुष्यात हाताची नखे २ मीटर आणि पायाची नखे १० सें.मी. पर्यंत वाढतात. ज्या हाताचा वापर होतो त्या हाताची नखे गतीने वाढतात. प्रत्येक बोटाच्या नखाच्या वाढीची गती ही भिन्न असते. कनिष्ठा व अंगठा यांची नखे हळुहळू वाढतात. मध्यमाची नखे गतीने वाढतात. महिलांच्या तुलनेत पुरुषात नखे वाढण्याची गती जास्त असते. एक शौक म्हणून काही जण नखे वाढवितात. नखांचा वरचा भाग निर्जीव व प्रथिनांचा बनलेला असतो. त्याचा रक्त वाहिन्यांशी काही संबंध नसतो. त्यामुळे नखे कापताना आपल्याला वेदना होत नाहीत.

१८०. 'नाकतोडा' ह्या कीटकाचा नाकाशी काही संबंध आहे का ?

नाकतोड्याचा संबंध नाकाशी असतो पण तो आपल्या नाकाशी नसून त्याच्या स्वतःच्या नाकाशी असतो. नाकतोडा हा कीटक वर्गातील प्राणी असून त्यास सहा पाय व पंखांची जोडी असते. नाकतोड्याचे निरीक्षण केल्यास तो चार पायावर शरीर तोलून समोरील दोन पाय सारखे नाकावरून फिरवीत असताना दिसतो. जसे काही तो स्वतःचे नाक तोडण्याचा प्रयत्न करीत आहे असे वाटते. त्यामुळेच त्याचे नाव नाकतोडा पडले असेल; परंतु गंमत अशी आहे की नाकतोड्याला नाकच नाही. नाक व तोंड हे अवयव त्याला नसतात. शीर, उदर, ऊर असे तीन भाग कीटकाच्या शरीराचे असतात. यापैकी शीर नावाच्या भागावर कमी दृष्टी असणारे डोळे असतात व तोंडाच्या जागी मुखांगे असतात. मध्यभागी एक सोंड असून तिच्या दोन्ही बाजूस करवतीप्रमाणे दातेरे असणारे भाग असतात. जे डोक्यास लोंबकळत असतात.

१८१. नकाशा म्हणजे काय ?

प्रमाण, दिशा व सांकेतिक चिन्हे यांनी परिपूर्ण अशा रेखाचित्राला नकाशा असे म्हणतात. नकाशा हे भूगोल शिकविण्याचे प्रमुख साधन आहे कारण भूगोलामध्ये भौगोलिक घटकांच्या वितरणाचा अभ्यास केलेला असतो. विविध घटकांच्या वितरणाचे एकत्रित चित्र मर्यादित जागेत डोळ्यासमोर उभे करण्याचे नकाशा एक साधन आहे. एखाद्या प्रदेशाची माहिती जाणून घ्यावयाची झाल्यास तो प्रदेश प्रत्यक्ष पाहणे हे उत्तम पण वेळ व पैसा यांच्या अभावी तसे प्रत्यक्ष पाहणे सर्वांना शक्य होईलच असे नाही. याशिवाय

प्रत्यक्षात जेवढा मोठा प्रदेश आपण पाहू शकतो त्यापेक्षा किती तरी मोठा प्रदेश आपण नकाशात बघू शकतो.

वेगवेगळ्या राज्याचे विस्तार व स्थाने, त्यांच्या सीमा, त्या त्या प्रदेशातील पर्वत रांगा, पठारे, मैदाने, त्यातून वाहणाऱ्या नद्या इत्यादी गोष्टींचे ज्ञान नकाशावरून मिळविता येते. म्हणून भूगोलाच्या अभ्यासकांना, प्रवाशांना, संरक्षण खात्याला, व्यापाऱ्यांना, योजना आखणाऱ्या अधिकाऱ्यांना व सामान्य नागरिकांना देखील नकाशाचा उपयोग विविध प्रकारे होऊ शकतो. अशा प्रकारे भूगोल या विषयात नकाशाला फार महत्त्व आहे.

१८२. नदीकिनारी सापडणारे दगड गोल गरगरीत का असतात ?

दगडाला चांगला आकार द्यावयाचा असल्यास मुर्तिकाराला दगड चांगला घासून गुळगुळीत करावा लागतो; परंतु नदीकाठचे दगड आधीपासूनच गोल गरगरीत असतात. कारण ते मुळात नदीतून आलेले असतात. मोठ्या दगडाचे लहान तुकडे झाल्यानंतर ते नदीच्या पाण्याच्या प्रवाहाबरोबर वाहत जातात आणि बराच मोठा प्रवास करून किनाऱ्यापाशी येऊन पडतात. ह्या प्रवासाच्या दरम्यान ते एकमेकांवर घासले जातात. शिवाय जमिनीवर सरपटल्यामुळेही घासले जातात आणि अनेक वर्षाच्या पाण्याच्या माऱ्यामुळे त्याचे घर्षण होते आणि ह्या घर्षणामुळे त्यांचा पृष्ठभाग गुळगुळीत बनतो.

१८३. नारळात पाणी कोठून येते ?

नारळाचे बाह्य आवरण टणक व जाड असते व त्याच्या आत कठीण कवच असते. त्याच्या आत काथ्याचे मध्य आवरण व कठीण कवच (करवंटी) असते. फलधारणा झाल्यावर रासायनिक प्रक्रियेने पेशीद्रवाचे रूपांतर खोबऱ्यात होते पण काही पेशीद्रव तसाच राहतो. तेच हे नारळातील पाणी होय. तीन कडक आवरणामुळे या पाण्याचे बाष्पीभवन होत नाही. म्हणून नारळात पाणी असते.

१८४. नखे कापताना का दुखत नाहीत ?

नखाचे मूळ बोटाच्या कातडीच्या आत असते. तेथील पेशी जिवंत असतात.

त्या 'केरोटीन' नावाचे प्रथिन तयार करतात. केरोटीन हे निर्जीव असतात आणि बोटाच्या वरील बाजूने ते नखाच्या रूपात वाढते. केरोटीन निर्जीव असते म्हणून नखे कापताना वेदना होत नाहीत.

१८५. नुसत्या डोळ्यांनी दिसणारे तारे मोजण्यासाठी माणसाला किती वेळ लागेल ?

पृथ्वीच्या दोन्ही गोलार्धांत नुसत्या डोळ्यांनी दिसू शकणारे सुमारे ७ हजार तारे आहेत. एका गोलार्धात ३५०० तारे आहेत. दर ताऱ्यासाठी १ सेकंद या वेगाने ३५०० तारे मोजण्यास निरीक्षकाला सुमारे १ तास लागेल.

१८६. आपणास झोप का येते?

शरीर व मेंदू यांना खूप थकवा आला की मेंदूच्या मधल्या भागातील एका विशिष्ट केंद्रास त्याची जाणीव होऊ लागते. त्या केंद्राचे कार्य म्हणजे मेंदू व शरीराचे इतर अवयव ह्यांचा संपर्क कमी करणे. अवयवांना मेंदूकडून येणाऱ्या आज्ञा वाटेतच अडविल्या की ते हालचाल करीत नाहीत. उदाहरणार्थ बसल्या बसल्या डोळे मिटतात. डुलक्या येऊ लागतात. हाता-पायाचे स्नायू सैल पडतात. त्यांची हालचाल थांबते. आता झोप येण्यास सुरुवात झालेली असते.

१८७. 'नॅनॉमीटर' हे कशाचे एकक आहे ?

नॅनॉमीटर एककाचा वापर सूक्ष्मजीवांच्या मापनासाठी होतो. एका मिलीमीटरचे एक हजार समभाग केले तर मिळणाऱ्या एका भागाला 'मायक्रोमीटर' म्हणतात. मायक्रोमीटरचे एक हजार समभाग केले की मिळणाऱ्या एक भागाला नॅनॉमीटर म्हणतात. उदा. टायफॉईड रोगजंतू दंडाकृती असून त्यांची लांबी १ ते ३ मायक्रोमीटर असते. पोलिओ विषाणू गोलाकृती असून त्याचा व्यास २८ नॅनॉमीटर असतो. एखादी वस्तू १०० मायक्रोमीटरहून लहान असेल तर ती आपल्या डोळ्यांना दिसू शकत नाही. टायफाईड रोगजंतूची लांबी १ ते ३ मायक्रोमीटर असते; म्हणून १००० पट वर्धन देणाऱ्या नेत्रभिंग आणि वस्तुभिंगाची टायफॉईड रोगजंतूच्या अभ्यासासाठी निवड करावी लागते.

१८८. नळाखाली घागर ठेवून नळ सुरू केला असता घागरीचा आवाज सतत बदलत का जातो ?

नळाचे पाणी रिकाम्या घागरीत पडू लागले की सुरुवातीला पाण्याच्या धक्क्यामुळे घागरीच्या पत्र्याचा आवाज येऊ लागतो. घागरीत जसजसे पाणी भरत जाते तसतसा तो आवाज कमी होत जातो. घागरीच्या पत्र्याच्या आवाजाखेरीज घागरीतील हवेचा सुद्धा आवाज तयार होतो. आत पडणाऱ्या पाण्याच्या धक्क्यामुळे घागरीतील हवा कंप पावते व ध्वनी निर्माण होतो. सुरुवातीला हा आवाज घोगरा येतो व जसजशी घागर भरत जाईल तसतसा तो आवाज किरटा होऊ लागतो. घागरीत पाणी भरू लागले की हवेच्या स्तंभाची उंची कमी होत जाते. त्यामुळे हा आवाज बदलत जातो. भांड्यातील हवेचा आवाज, भांड्याच्या पोकळीवर (उंचीवर) अवलंबून असतो. जेवढी उंची जास्त तेवढा आवाज खालच्या सुरात व जेवढी उंची कमी तेवढा तो वरच्या सुरात ऐकू येतो.

१८९. 'नत्रचक्र' म्हणजे काय ?

हवेत नत्रवायूचे प्रमाण ७८.१% इतके आहे. आकाशात विजेमुळे ऑक्सिजन व नॅट्रोजन यांच्या संयोगाने नत्राचे ऑक्साईड तयार होतात. ते पावसाच्या पाण्यात विरघळून जमिनीवर येतात व वनस्पतीच्या वाढीला मदत करतात. जमिनीतील बॅक्टेरिया हवेतील नत्रवायू शोषून घेतात. त्यामुळे वनस्पतीची वाढ उत्तम होते. जमिनीवर मेलेले प्राणी, जीवजंतू, वनस्पतीचा पालापाचोळा कुजतो, त्याचे नत्रात रूपांतर होऊन झाडे त्यांना शोषून घेतात. हवेतील जितका नत्रवायू जमिनीत वनस्पतीच्या वाढीसाठी खर्च होतो तितकाच नत्रवायू बॅक्टेरिया हवेत सोडतात. त्यामुळे हवेतील नत्रवायूचे प्रमाण कायम राहते. ह्यालाच 'नत्रचक्र' असे म्हणतात.

१९०. 'न्युटनची तबकडी' म्हणजे काय ?

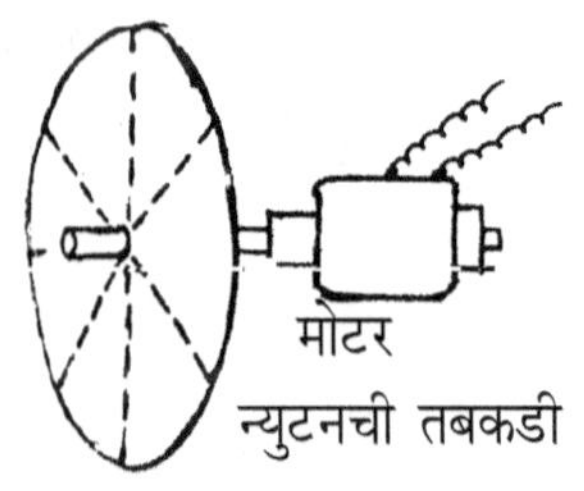

न्युटन नावाच्या शास्त्रज्ञाने असे सिद्ध करून दाखविले की पांढरा सूर्यप्रकाश तांबडा, नारंगी, पिवळा, हिरवा, निळा, पारवा, जांभळा ह्या सात रंगांनी मिळून बनलेला आहे. पांढऱ्या सूर्यकिरणाचे प्रिझमच्या सहाय्याने

पृथःकरण केले तर ह्या सात रंगांचा वर्णपट मिळतो. न्युटनची तबकडी हे असेच उपकरण आहे. त्याने वरील तत्त्व सिद्ध करता येते. एका गोल तबकडीवर वरील सात रंगांचे पट्टे काढून जर तिला वेगाने फिरविले तर ती भुरकट, पांढरी दिसते. न्युटनने हा रंग सिद्धांत शोधून काढला. व तो ह्या तबकडीने सिद्ध करता येतो म्हणून या तबकडीला 'न्युटनची तबकडी' असे म्हणतात.

१९१. विज्ञानातील काही गमती

'मि. वॉटसन, कम हिअर प्लिज, आय वॉन्य यू.' टेलिफोनवर बोलले गेलेले आणि ऐकले गेलेले जगातले हे पहिले वाक्य आहे. १० मार्च १८७६ सालची दुपार. अलेक्झांडर ग्रॅहम बेल यांचा सहकारी वॉटसन हॉटेलच्या तळमजल्यावर कानाला रिसीव्हर लावून बसला होता. प्राण कानात आणून तो बेलचे वाक्य ऐकण्यास उताविळ झाला होता. अखेर त्याने वरील वाक्य ऐकले. त्याने हातातील रिसीव्हर फेकून दिला व जिन्याकडे पळत गेला. वर जाऊन तो म्हणाला, 'बेल मला ऐकू आले, तुम्ही जे म्हटले ते नीट ऐकू आले आणि जगातल्या पहिल्या टेलिफोनचा जन्म झाला.

थॉमस अल्वा एडिसन आपल्या एका सहकाऱ्याला यंत्राचे एक डिझाईन देतात व त्याप्रमाणे यंत्र तयार करण्यास सांगतात. हे यंत्र माणसाप्रमाणे बोलेल असे म्हणतात. सहकाऱ्याला त्यावेळी नक्की वाटले की एडिसन वेडे आहेत. यंत्र कसे काय बोलेल? यंत्र तयार करून आणल्यावर यंत्रात तोंड खुपसून एडिसन यांनी 'मेरी हॅड अ लिटील लॅम्प' हे बालगीत म्हटले. हॅडल पुन्हा फिरविल्यावर हेच गीत पुन्हा ऐकू आले आणि फोनोग्राफचा शोध लागला. अमेरिकेतील लोकप्रिय आणि थोर अशा १० व्यक्तींपैकी नऊ व्यक्तींविषयी लोकांमध्ये खूप मतभेद होते पण यादीतील प्रथम क्रमांकाची व्यक्ती निर्विवाद होती ती म्हणजे थॉमस अल्वा एडिसन.

१९०३ साली डिसेंबरच्या महिन्यात हवेपेक्षा जड अशा फ्लाईंग मशिनचे पहिले उड्डाण यशस्वी केले. ते एक मिनिटभर आकाशात होते. त्या वेळी ते पाहण्यासाठी फक्त ५ प्रेक्षक होते. ह्या वेळात त्या यंत्राने ८१२ फुटांचे अंतर कापले. उड्डाण किती अल्प काळ टिकले याला महत्त्व नाही पण तेव्हापासून माणूस हवेत उडायला लागला व विमानाचा शोध लागला.

१९२. निगेटिव्ह फोटो व पॉझिटिव्ह फोटो कशाला म्हणतात ?

फोटो काढताना कॅमेऱ्यात फिल्म भरलेली असते. ह्या पारदर्शक फिल्मवर प्रकाशाचा परिणाम होणारे लुकण (लेप) लावलेले असते. बटन दाबताच लेन्समधून प्रकाशकिरणे ह्या फिल्मवर पडतात. कॅमेऱ्यासमोर व्यक्ती उभी असेल तर पांढऱ्या कपड्यापासून निघालेले किरण फिल्मवर परिणाम करतात. व्यक्तीच्या काळ्या केसातून किरणे निघत नाहीत म्हणून डोक्याचा भाग तसात राहतो. ही फिल्म डार्करूममध्ये डेव्हलपर नावाच्या द्रावणात धुतली तर तिच्यावर प्रकाश पडलेला भाग काळा पडतो व प्रकाश न पडलेला भाग पारदर्शक होतो. व्यक्तीचा जो भाग काळा असेल तो फिल्मवर पारदर्शक व जो भाग पांढरा असेल तो फिल्मवर काळा पडतो. म्हणजे प्रत्येक बाबतीत हा फोटो उलटा असतो. म्हणून याला निगेटिव्ह फोटो म्हणतात.

ह्या फिल्मवरून फोटो काढण्यासाठी ब्रोमाईड पेपर वापरतात. त्याला सुद्धा प्रकाशाला संवेदनक्षम लुकण लावलेले असते. डार्करूममध्ये ह्या कागदाला निगेटिव्ह चिकटवून त्याला प्रकाश दाखवितात. नंतर पेपर डेव्हलप करतात. त्यामुळे पारदर्शक भागातून आलेल्या प्रकाशामुळे तो भाग काळा पडतो व जेथून प्रकाशकिरणे आली नाहीत तो भाग पांढरा राहतो. अशा प्रकारे मूळ व्यक्तीप्रमाणे पॉझिटिव्ह फोटो तयार होतो. यालाच आपण आपला फोटो म्हणतो.

१९३. नालाकृती सरोवरे कशी तयार होतात ?

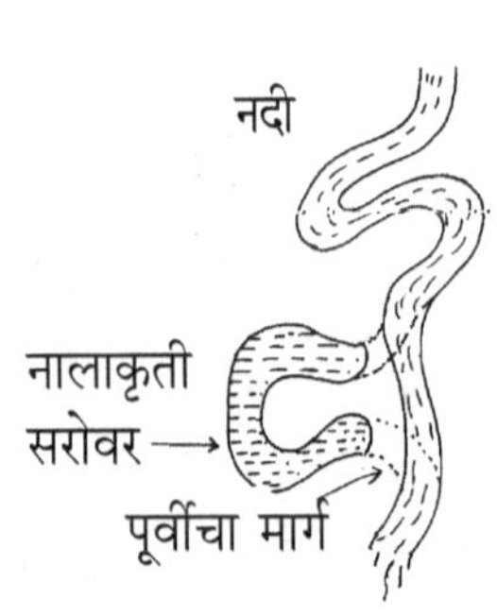

नदीचा वेग कमी झाल्यामुळे काठाचे क्षरण कार्य मंदावते. तिच्या गाळाचे निक्षेपण होते. अशा स्थितीत नदी कठीण खडकाचा भाग टाळून मृदू खडकातून वाहते. व नदीत वेडीवाकडी वळणे तयार होतात. नदीच्या पात्राच्या आतील भागात संचयन होते व बाहेरील भागात खनन होते. त्यामुळे नदीची वळणे मोठी होत जातात. नदीला मोठा पूर आला की नदीचे पूर्वीचे वळण सुटून ती पुन्हा सरळ वाहू लागते. वळणाच्या बाहेरच्या बाजूला गाळ साचून नालाकृती सरोवरे तयार होतात.

१९४. न्युटनचा गतिविषयक दुसरा नियम कोणता ?

न्युटनच्या गतिविषयक दुसऱ्या नियमाला बलाचा नियम म्हणतात. कोणत्याही वस्तुच्या संवेग परिवर्तनाचा दर हा प्रयुक्त बलाशी समानुपाती असतो आणि संवेगातील परिवर्तन बलाच्या दिशेने घडून येते.

१९५. निकटदृष्टिता हा दोष कसा असतो ?

डोळ्याच्या या दोषामध्ये नेत्रगोलक लांबट झालेला असतो. त्यामुळे नेत्रभिंग व दृष्टिपटल यांच्यातील अंतर वाढलेले असते. याचा परिणाम असा होतो की जवळच्या वस्तूकडून येणारे प्रकाशकिरण दृष्टिपटलावर प्रतिमा तयार करतात म्हणून जवळचे पदार्थ स्पष्ट दिसतात; पण दूरच्या वस्तूकडून येणारे समांतर किरण दृष्टिपटलावर प्रतिमा तयार न करता थोडी अलीकडे करतात. त्यामुळे दूरच्या वस्तू अस्पष्ट दिसतात. हा दोष घालविण्यासाठी अंतर्वक्र भिंगाचा चष्मा वापरावा लागतो. त्याच्यामुळे प्रतिमा दृष्टिपटलावर आणता येते.

१९६. न्युटनचा गतिविषयक पहिला नियम कोणता ?

एखाद्या वस्तुवर कोणतेही असंतुलित बल क्रिया करत नसेल तर ती वस्तू अचल अवस्थेत असेल तर अचल अवस्थेतच राहील अथवा सरळ रेषेत एकसमान गतीत असेल तर ती त्या सरळ रेषेत एकसमान गतीत राहील. पटांगणावर स्थिर असलेल्या फुटबॉलला आपण जोपर्यंत किक मारत नाही तोपर्यंत बॉल स्थिर राहील. एकदा गतिमान केलेल्या फुटबॉलला त्याच्या मार्गात तिरकस दिशेने पाय धरला असता पायाच्या बलामुळे फुटबॉलच्या गतिची दिशा बदलते व तो तिरकस जातो.

१९७. पृष्ठीय ताण कशाला म्हणतात ?

द्रवाच्या पृष्ठभागावर असलेल्या कणावर द्रवांतर्गत कणांच्या आकर्षणामुळे जो परिणाम दिसून येतो त्याला पृष्ठीय ताण (Surface Tension) म्हणतात. द्रवाच्या पृष्ठभागाखालील कणावर सर्व बाजूंनी आकर्षण चालू असल्याने तेथे तो परिणाम दिसत नाही. परंतु पृष्ठभागातील कणावर खालून व कडेने आकर्षण असून वरचा भाग जवळ जवळ मुक्त असतो. त्यामुळे पृष्ठभागाकडील कण एकमेकांकडे व द्रवांतर्गत भागाकडे खेचले जातात व द्रवाचा पृष्ठभाग एखाद्या

लवचिक पापुद्र्याप्रमाणे दिसतो. ह्या परिणामास पृष्ठीय ताण असे म्हणतात. अशा पाण्यावर सुई टोचल्यास तेथील कण कडेला जातात. मेणावर पाणी टाकल्यास त्याच्या गोळ्या बनतात. जमिनीवर पारा सांडला की त्याच्या गोळ्या घरंगळतात. पोकळ नळीतून साबणाचे फुगे उडविल्यास त्याचे गोल फुगे बनतात.

१९८. 'प्रकाश वर्ष' कशाला म्हणतात ?

सेकंदाला ३ लक्ष किलोमीटर वेगाने एका वर्षात प्रकाश जेवढे अंतर तोडतो. त्या अंतरास १ प्रकाश वर्ष म्हणतात.

१ प्रकाश वर्ष = ९,५००,०००,०००,००० कि.मी. हे एकक मानून दूरस्थ खगोलाचे पृथ्वीपासूनचे अंतर प्रकाश वर्षात सांगता येते. सूर्य पृथ्वीपासून $८\frac{१}{३}$ प्रकाश मिनिटे दूर आहे. व्याध तारा पृथ्वीपासून ९ प्रकाश वर्षे दूर आहे. आपल्या दृष्य विश्वाच्या विस्ताराची त्रिज्या २ अब्ज प्रकाश वर्षे एवढी आहे. आपल्यापासून हजारो प्रकाश वर्षे दूर असलेल्या ताऱ्यापासून निघालेला प्रकाश इतक्या उशिरा येऊन पोचतो की ते आता नष्ट झाले असले तरी आणखी हजारो वर्षे ते आपल्याला कळू शकणार नाही. आपल्याला आता जो प्रकाश दिसतो तो त्या ताऱ्यापासून अंतराइतकी वर्षे अगोदर निघालेला असतो.

१९९. प्रेशर कुकरची रचना कशी असते ?

द्रव पदार्थावरील दाब वाढविला की त्याचा उत्कलन बिंदू वाढतो. दाब कमी केला की उत्कलन बिंदू कमी होतो. प्रेशर कुकरमध्ये दाबाच्या वाढीचे तत्त्व सामावले आहे. प्रेशर कुकर धातूचे दंडगोलाकृती भांडे असून त्याच्या तोंडावर भक्कम पत्र्याचे झाकण घट्ट बसविलेले असते. कुकरच्या बुडास उष्णता दिली की आतील पाणी तापून त्याची वाफ होते. ह्या कोंडल्या गेलेल्या वाफेचा आतील पाण्यावर दाब पडून पाण्याचा उत्कलन बिंदू वाढतो. तापमानातील वाढीमुळे आतील अन्न पदार्थांना शिजविण्यासाठी आवश्यक ते तापमान सहज मिळते व पदार्थ लवकर शिजतात. दाब मर्यादेबाहेर गेल्यास स्फोट होऊन भांडे फुटू नये म्हणून झाकणावर एक झडप बसविलेली असते. दाब वाढला की झडप आपोआप उघडते व तिच्यातून थोडीशी वाफ बाहेर जाते. झडपेच्या मार्गावर बसविलेल्या शिट्टीतून वाफ बाहेर जाऊ लागली की शिट्टी वाजते व सूचना मिळते.

२००. परागीभवन (Pollination) म्हणजे काय ?

वनस्पतीच्या पुनरुत्पत्तीसाठी अत्यावश्यक असलेली 'परागीभवन' ही नैसर्गिक क्रिया आहे. त्यामुळे एका वनस्पतीचे पराग दुसऱ्या वनस्पतीच्या स्त्री केसरावर नेऊन टाकले जातात. परागकण तेथे रूजून फलिभवन होऊ शकते. परागी- भवनाचे दोन प्रकार आहेत. १) एकाच झाडाच्या फुलातील पराग त्याच झाडाच्या स्त्री केसरावर पडले तर 'स्व-परागीभवन' होते. ह्यात तयार होणारे बीज निकृष्ट दर्जाचे असते. २) एका झाडाच्या फुलातील पराग त्याच जातीच्या दुसऱ्या झाडावरील फुलाच्या स्त्री केसरावर पडून 'परपरागीभवन' होते. वनस्पतीत ह्याचाच अवलंब केला जातो. कीटक, पक्षी, पाऊस, वारा, प्राणी, माणसे हे परपरागीभवन घडवून आणतात.

२०१. पाणमांजर कसे असते ?

घरातील मांजराशी याचे थोडे साम्य असते म्हणून ह्यास पाणमांजर म्हणतात. हा पाण्यातील माशांची शिकार करतो. त्यासाठी तो पाण्यात बुड्या मारतो. याची शेपटी टोकदार असते. पाय अस्वलासारखे भक्कम असतात. मिशा टोकदार व सरळ असतात. डोक्यापासून शेपटीपर्यंत त्याची लांबी चार फुटापर्यंत असते. शेपटी दीड फूट लांब असते. मादी लहान असते. मादीचे वजन सहा ते आठ किलो असते. नराचे वजन नऊ ते अकरा किलो असते. मासे त्यांचे मुख्य अन्न. पाण्यात त्यांना चांगले पोहता येते. पाण्यात बुडी मारून मासेमारी करतात. त्यासाठी माशांना उथळ पाण्याकडे हाकलतात. सापळा रचतात. माशाशिवाय ते बेडूक व खेकडे खातात. पाण्यात बुडी मारून पाण्यावर पोहोणाऱ्या पाणकोंबड्या पकडतात. खाली पाण्यात ओढतात. ही पाणमांजरे फक्त काश्मीर व आसामात आहेत.

२०२. पोटात दुखते तेव्हा नेमके काय होते ?

शरीरातील सर्वच भागात विविध प्रकारचे संवेदना पिंड (सेन्सरी रिसेप्टार्स) पसरलेले असून ते विविध संवेदना ग्रहण करण्यासाठी योजलेले असतात. शरीराच्या पृष्ठभागावर या संवेदना पिंडाचे अधिक प्रकार व संख्या असते. त्या मानाने शरीराच्या आतील अवयवामध्ये संवेदना पिंड कमी संख्येने व कमी प्रकारचे असतात. पोट म्हणजे उदर (ॲबडॉमेन). या पोकळीत अन्ननलिका, जठर, आतडी, यकृत, मूत्रपिंड इत्यादी अवयव असतात व या सर्वांमध्ये कमी-

अधिक संख्येने संवेदना पिंड विखुरलेले असतात. हे पिंड प्रामुख्याने दाब, घर्षण, टोचणी, कापणे या सारख्या स्थूल संवेदना ग्रहण करून मेंदूपर्यंत पोहोचविण्यास कार्यक्षम असतात. त्यामुळे अपचन, बद्धकोष्टता, यकृतावरील गळवे, आतड्याचा पीळ, मूत्रपिंडातील खडे, कर्करोगाच्या गाठी यासारख्या दुःखदायक संवेदना अचूक टिपून मेंदूकडे पोचवितात. पोटात दुखण्याची वरीलप्रमाणे विविध कारणे असू शकतात व त्या प्रत्येक प्रकारच्या दुखण्याचे स्थान व स्वरूप यावरून चांगले डॉक्टर पोटात दुखण्याच्या कारणाचे प्राथमिक निदान करू शकतात.

२०३. पाऊस धाराच्या रूपातच का पडतो ?

ढगातील वाफ जोपर्यंत वायुरूपात असते तोवर तिची घनता हवेपेक्षा कमी असल्याने ती तरंगत असते. काही विशिष्ट उंचीवर गेल्यावर तेथील कमी तापमानामुळे वाफेचे द्रवरूप पाण्यात रूपांतर न होता घनरूप बर्फात रूपांतर होते. या बर्फाचे अगदी बारीक कणापासून लिंबू, संत्रे यांच्या आकाराएवढ्या गोळ्यात रूपांतर होते. हा बर्फ हवेपेक्षा खूप जड असल्याने गुरुत्वाकर्षणामुळे पृथ्वीच्या पृष्ठभागाकडे प्रचंड वेगाने ओढला जातो. या दरम्यान पृथ्वीच्या पृष्ठभागाजवळील वातावरणाचे तापमान अधिक असल्याने बर्फाच्या कणाचे पाण्याच्या थेंबात रूपांतर होते. पाण्याचे थेंब पृथ्वीवर पडताना एका पाठोपाठ एक ओळीने पडतात. त्यालाच आपण पावसाच्या धारा म्हणतो. पाऊस खूप जोरात असल्यास हे थेंब एका पाठोपाठ एक असे न पडता विखुरलेल्या स्वरुपात पडतात व धारा दिसेनाशा होतात. बर्फाचे खडे जमिनीवर पोचेपर्यंत संपूर्णपणे विरघळले नाही तर गाराच्या स्वरुपात पडतात. पाण्याच्या थेंबाची व गाराच्या प्रहाराची दिशा अनेकदा भू-सपाटीला तिरकस दिसते. पाऊस पडताना वारा अगदी शांत असला तर पाऊस सरळ उभ्या दिशेनेच पडतो.

२०४. पर्यावरण कशाला म्हणतात ?

पृथ्वीवरील मानवाच्या सभोवती असणाऱ्या भौगोलिक परिस्थितीस पर्यावरण म्हणतात. भू-रूपे, हवामान, जलाशय, वनस्पती, खनिजे इत्यादी निसर्गनिर्मित घटक आहेत. ह्याला नैसर्गिक पर्यावरण म्हणतात. मानवाने स्वतःच्या गरजांच्या पूर्ततेसाठी नैसर्गिक पर्यावरणात बदल घडवून रस्ते, इमारती, धरणे, शेती, वस्ती इत्यादी घटकांची निर्मिती केली. या मानवनिर्मित घटकांचा सांस्कृतिक पर्यावरणात समावेश होतो.

२०५. पाण्यात राहण्यास योग्य अशी शरीररचना माशाची आहे असे का म्हणतात ?

माशांच्या शरीरात पाण्यात राहण्यास योग्य असे घटक आहेत–

i) माशांचे शरीर मध्यभागी फुगीर व दोन्ही टोकांना निमुळते असते. त्यामुळे त्याला पाण्यात संचार करणे सोपे जाते.

ii) माशांच्या शरीराला पर असतात. त्यांचा उपयोग पाण्यात शरीर समतोल ठेवण्यासाठी व दिशा बदलण्यासाठी होतो.

iii) माशांच्या शरीरात हवेच्या पिशव्या असतात. त्यामुळे त्याला पाण्यावर तरंगणे सोपे जाते.

iv) माशांच्या शरीरात गिल्स असतात. त्यामुळे त्याला श्वसनासाठी पाण्यात विरघळलेला ऑक्सिजन घेता येतो.

२०६. पोलादी तार तापवून ऑक्सिजनमध्ये धरण्यापूर्वी वायुपात्रात वाळू का घालतात ?

पोलादी तार तापवून ऑक्सिजनमध्ये घातली असता तिचा ऑक्सिजनशी संयोग होतो आणि धगधगते ऑक्साईडचे कण तयार होऊन ते वायुपात्रात पडतात. त्यामुळे तयार होणाऱ्या उष्णतेने वायूपात्र फुटण्याची शक्यता असते. ते टाळण्यासाठी वायुपात्रात आधी वाळू टाकून ठेवतात. त्यामुळे वायूपात्र फुटत नाही.

२०७. पृथ्वीचा पृष्ठभाग आपण कुठपर्यंत पाहू शकतो ?

जेव्हा आपण आकाशाकडे पाहतो तेव्हा आपण सूर्य, चंद्र, तारे, चांदण्या पाहू शकतो. जे आपल्यापासून अब्जावधी मैलावर आहेत पण आपण जेव्हा समुद्रकाठी उभे राहतो आणि पृथ्वीची सीमा पाहण्याचा प्रयत्न करतो. तेव्हा आपण ४ कि.मी. पेक्षा जास्त किंवा त्यापलिकडे पाहू शकत नाही. आपणास माहीत आहे की पृथ्वी गोलाकार आहे. उत्तर व दक्षिण ध्रुवाजवळ चपटी आहे. विषुववृत्ताजवळ फुगलेली आहे परंतु सर्वत्र वक्रता आहे. समुद्रकाठी उभे राहून पाहिले असता समुद्रसपाटी व क्षितीज एकत्र जुळलेले दिसतात. सहा मीटर उंचीवरून आपण १० कि. मी. पर्यंत पाहू शकतो. ९० मीटर उंच कड्यावरून पाहिले असता ३४ कि. मी. लांब पाहू शकतो. १ हजार ५०

मीटर उंच पर्वतावरून १३० कि.मी. पर्यंत पाहू शकतो. ४८०० मीटर उंचीवरील विमानातून पाहिले असता २६५ कि.मी. पर्यंत दिसते. या ठराविक अंतरापलिकडे आपण पाहू शकत नाही.

२०८. पृथ्वीवरील विशालकाय प्राणी 'डायनोसॉर' कसे नाश पावले ?

पुरातत्व विभागात संशोधन करणाऱ्या जीओकेमिष्ट 'फ्रँक काईट' या संशोधकाने डायनोसॉर सारख्या प्राण्याच्या विनाशाचे रहस्य शोधून काढले आहे. सुमारे ६५०,००,००० वर्षपूर्वी अवकाशातून भरधाव वेगाने महाप्रचंड आकाराची वस्तू पृथ्वीवर येऊन धडकली. त्यामुळे जो स्फोट झाला त्याच्या आगीच्या ज्वाळा ३०० फुटाहून अधिक उंचीवर अनेक वर्षे जळत राहिल्या. त्या आगीत पृथ्वीवरील त्या काळातील संपूर्ण सृष्टी जळून गेली. अनेक प्राण्याच्या जाती त्यात कायम स्वरूपी नष्ट झाल्या. त्यात डायनोसॉरचा समावेश होता.

हा प्रचंड स्फोट धूमकेतूचा असावा असे आजवर अनेक संशोधकांचे म्हणणे होते परंतु 'फ्रँक काईट' यांनी केलेल्या संशोधनावरून असे आढळले आहे की ऑस्टराईड डायनोसॉरच्या विनाशास कारणीभूत झाले. हवाई बेटाच्या किनाऱ्यावर सापडलेल्या दगडामध्ये काईट यांना ऑस्टराईडचे अंश सापडले.

२०९. प्रतिक्षिप्त क्रिया म्हणजे काय ?

आपल्या शरीरातील सर्व क्रियांचे नियंत्रण मेंदू करत असतो परंतु काही क्रिया सरावाने इतक्या अंगवळणी पडतात की प्रत्येक वेळी प्रतिक्रिया करण्यासाठी मेंदूचा आदेश घेण्याची जरुरी राहत नाही. अशा वेळी मज्जारज्जू आपल्या अधिकारातच स्नायूंना प्रतिक्रिया करण्याचा हुकूम सोडतो. अशा क्रियांना प्रतिक्षिप्त क्रिया म्हणतात. अशा क्रिया म्हणजे पापण्याची उघडझाप, धूळ उडताना डोळे बंद होणे इत्यादी.

२१०. प्राणी का बोलू शकत नाहीत ?

मनुष्य हा पृथ्वीवरील असा एकमेव प्राणी आहे की जो बोलू शकतो. एकमेकांशी संवाद साधू शकतो. हे सर्व मेंदूच्या उच्च विकासामुळे शक्य झाले आहे. प्राण्याचे मेंदू मनुष्याच्या मेंदूपेक्षा कमी विकसित असल्यामुळे ते आपल्या भावना व्यक्त करू शकत नाहीत, बोलू शकत नाहीत. मनुष्याप्रमाणे प्राण्यांना आनंद होतो, दुःख होते, भीती असते, प्रेमभावना असते, आदर असतो, त्यांना

भूक लागते, तहान लागते, त्यांनाही मनुष्याप्रमाणे निवारा हवा असतो. हे प्राणी आपल्या चेहऱ्यावरील हावभावाद्वारे आणि आवाजाद्वारे मनुष्याशी अथवा सखेवर्गाशी संभाषण अथवा भावना व्यक्त करतात. जेव्हा एखादे मांजर पक्ष्याच्या थव्याजवळ जाते तेव्हा ते पक्षी भीतीने चमत्कारिक आवाज करीत उडतात. कुत्रा भुंकून आपला राग व्यक्त करतो. आनंद झाला की खुषीने शेपूट हलवतो.

२११. पाण्याचा अन्नघटकात समावेश का होतो ?

पाण्याचा शरीराला अन्नघटक म्हणून प्रत्यक्ष उपयोग होत नाही पण अन्नपचनातून तयार झालेले अन्नरस शरीराच्या सर्व भागांना पुरविण्याचे कार्य पाणी करते. पाण्याविना सर्व जीवनक्रिया थांबतात. म्हणून पाण्याचाही अन्नघटकात समावेश होतो.

२१२. प्रजनन म्हणजे काय ?

स्वतःसारखा नवीन जीव निर्माण करण्याची क्षमता सर्व सजीवात आहे. सजीवातील अशा उत्पत्तीला प्रजनन किंवा पुनरुत्पादन म्हणतात. सजीवात विविध पद्धतींनी प्रजनन होते. त्यांची लैंगिक व अलैंगिक अशा दोन गटात विभागणी होते. लैंगिक आणि अलैंगिक अशा प्रजननाच्या दोन पद्धती वनस्पतीमध्ये आढळून येतात. तथापी बहुतेक सर्व वनस्पतीत लैंगिक प्रजनन आढळून येते.

२१३. पितळी भांड्यांना कल्हई करताना कथील का वापरतात ?

पितळी भांड्यात दही, ताक, चिंच, लिंबू असे खाद्य पदार्थ ठेवले तर त्यातील आम्लाचा पितळेवर परिणाम होऊन अन्न कळकते व हे अन्न पोटात गेले की आरोग्य बिघडते. कथिलावर मात्र या आम्लाचा परिणाम होत नाही. कथील पोटात गेले तरी अपाय होत नाही. कथील कमी तापमानावर वितळते. त्यामुळे त्याचा थर पितळी भांड्यावर देणे सोपे असते. काही वेळा कथिलामध्ये शिशाची भेसळ करून कल्हई करतात. ही कल्हई काळी पडते. शिवाय शिसे पोटात गेले की अपाय होतो. म्हणून कल्हई करताना नेहमी शुद्ध कथीलच वापरतात.

२१४. पाण्यात बुडालेली व्यक्ती ताबडतोब खाली जाते पण तीच नंतर ७२ तासांनी आपोआप वर का येते ?

व्यक्तीच्या नाका-तोंडात पाणी जाते आणि ती गुदमरते आणि मृत होते.

तिची घनता पाण्यापेक्षा जास्त असल्याने पाण्यात बुडून तळाशी जाते पण ७२ तासात तिचे शरीर कुजून त्यात कार्बन-डाय-ऑक्साईड, मार्श गॅस तयार होतात. अशा तयार झालेल्या वायुमुळे शरीर वर उचलले जाते व पाण्याच्या पृष्ठभागावर येऊन तरंगू लागते.

२१५. काही व्यक्ती डावखोऱ्या का असतात?

आपल्या शरीराचा थोडा बारकाईने अभ्यास केल्यास काही विशिष्ट गोष्टी लक्षात येतात. विशेषतः शरीराचा उजवा भाग हा डाव्या भागापेक्षा किंचित जास्त जड असतो. मेंदूचेही डावा व उजवा असे दोन अर्धगोल असतात. मेंदूचा डावा अर्धगोल शरीराच्या उजव्या भागावर व मेंदूचा उजवा भाग शरीराच्या डाव्या भागावर नियंत्रण ठेवतो. पण डावखोऱ्या व्यक्तीच्या बाबतीत असे आढळते की यांच्या मेंदूचा डावा अर्धगोलच डाव्या भागावर नियंत्रण करतो व त्यामुळे ती व्यक्ती डावखोरी बनलेली असते.

२१६. प्लावी बल म्हणजे काय ?

कोणताही पदार्थ द्रवात बुडवला असता त्याचे वजन कमी होते व द्रवाबाहेर काढले असता पूर्ववत होते. म्हणजे पदार्थ पाण्यामध्ये बुडलेला असताना त्यावर कार्य करणारे द्रवाचे बल पदार्थाला वर ढकलते. द्रवात बुडालेल्या वस्तुला वर ढकलणाऱ्या बलाला प्लावी बल म्हणतात. प्लावी म्हणजे तरंगण्यास कारणीभूत ठरणारे असा आहे.

२१७. पाणी कसेही फेकले तरी ते गोल थेंबाच्या रूपातच खाली का पडते ?

कोणत्याही द्रवाच्या एका थेंबामध्ये कोट्यावधी रेणू असतात. हे रेणू एकमेकांना स्वतःकडे ओढून धरण्याचा प्रयत्न करीत असतात. थेंबाच्या आतील भागातील रेणू थेंबाच्या पृष्ठभागावरील रेणूंना आपल्याकडे खेचून घेत असतात. त्याचप्रमाणे पृष्ठभागावरील रेणू एकमेकांना खेचत असतात. ह्या खेचाखेचीमुळे द्रवाच्या थेंबाचा आकार लहानात लहान असा तयार होतो. कोणत्याही आकारापेक्षा गोल आकाराचा पृष्ठभाग सर्वात लहान असतो म्हणून पाण्याचे थेंब गोलाकार तयार होतात.

२१८. पृष्ठवंशीय व अपृष्ठवंशीय प्राणी यात कोणता फरक आहे ?

शरीरात पाठीचा कणा आहे किंवा नाही या लक्षणावरून प्राण्यांचे पृष्ठवंशीय व अपृष्ठवंशीय अशा दोन गटात वर्गीकरण होते. पृष्ठवंशीय प्राण्यामध्ये मेंदूचे कार्य अधिक विकसित झालेले असते. मासा, बेडूक, साप, सरडा, चिमणी, कावळा, ससा, हत्ती, माकड, माणूस ही पृष्ठवंशीय प्राण्यांची उदाहरणे आहेत. कृमी, गांडूळ, खेकडा, झुरळ, फुलपाखरू, गोगलगाय ही अपृष्ठवंशीय प्राण्यांची उदाहरणे आहेत.

२१९. पृथ्वीवरील पाण्याच्या साठ्यापैकी किती टक्के पाणी पिण्यास उपलब्ध होते ?

पृथ्वीचा सुमारे ३/४ भाग पाण्याने व्यापलेला असला तरी पृथ्वीच्या एकूण जलसंपत्तीपैकी सुमारे ९७% पाणी समुद्रात सामावलेले आहे. समुद्राचे पाणी खारट असल्याने त्याचा फारसा प्रत्यक्ष उपयोग करता येत नाही. म्हणजे ३% पाणी पिण्यासाठी किंवा इतर उपयोगासाठी उपलब्ध होते. त्यापैकी सुमारे ३/४ भाग बर्फामध्ये गोठलेल्या अवस्थेत आहे. म्हणजे पृथ्वीवरील पाण्याच्या एकूण साठ्यापैकी प्रत्येक १०,००० मिलीलीटर मागे ३५ मि. ली. पाणी पिण्यासाठी उपलब्ध आहे.

२२०. पदार्थाचे रॉकेलमधील वजन त्याच्या पाण्यातील वजनापेक्षा जास्त का भरते ?

पदार्थाचे द्रवातील वजन त्यावर कार्य करणाऱ्या द्रवाच्या प्लावक बलावर अवलंबून असते. द्रवाचे उर्ध्वगामी प्लावक बल द्रवाच्या घनतेवर अवलंबून असते. रॉकेलची घनता पाण्याच्या घनतेपेक्षा कमी आहे. त्यामुळे पदार्थावर क्रिया करणारे रॉकेलचे प्लावक बल हे पाण्याच्या प्लावक बलापेक्षा कमी असते म्हणून पदार्थाचे रॉकेलमधील वजन त्याच्या पाण्यातील वजनापेक्षा जास्त असते.

२२१. पोलादाचा पत्रा पाण्यात बुडतो पण त्यापासून बनविलेले जहाज पाण्यावर का तरंगते ?

पोलादी पत्रा पाण्यात टाकला असता त्याने विस्थापित केलेल्या पाण्याचे वजन त्याच्या वजनापेक्षा कमी असते. त्यामुळे पोलादी पत्र्याचे वजन प्लावक

बलापेक्षा जास्त असते. म्हणून पोलादी पत्रा पाण्यात बुडतो. पोलादी पत्र्यापासून बनविलेल्या जहाजाचा आकार पोकळ पात्रासारखा असतो. या विशिष्ट आकारामुळे जहाज जास्त आकारमानाचे पाणी विस्थापित करते. त्यामुळे जहाजाचे वजन हे जहाजाच्या काही भागाने विस्थापित केलेल्या पाण्याच्या वजनाइतके असल्याने जहाज अंशतः बुडालेल्या अवस्थेत पाण्यावर तरंगते.

२२२. पदार्थाचे वजन मोजण्यासाठी स्प्रिंगच्या तराजूपेक्षा दोन पारड्याचा तराजू वापरणे अधिक योग्य का आहे ?

स्प्रिंगच्या तराजूत एक लांब स्प्रिंग असते. त्याला एक दर्शक जोडलेला असतो. हा दर्शक एका स्केलवर वर-खाली सरकू शकतो. स्प्रिंगच्या खालच्या टोकाला एक हूक असतो. ह्या हुकाला ज्या पदार्थाचे वजन करावयाचे आहे तो पदार्थ टांगतात. त्याच्या वजनामुळे स्प्रिंग ताणली जाते व दर्शक स्केलपट्टीवर खाली सरकतो. दर्शकासमोर जो आकडा असेल तितके त्या पदार्थाचे वजन असते. पृथ्वीच्या पृष्ठभागावर निरनिराळ्या ठिकाणी पृथ्वीचे गुरूत्व बल वेगवेगळे असते. त्यामुळे निरनिराळ्या ठिकाणी स्प्रिंगला टांगलेले पदार्थ कमी-जास्त ओढला जाऊ शकतो. त्यामुळे त्याचे वजन अलग अलग ठिकाणी वेगवेगळे येऊ शकते. पारड्याच्या तराजूला दोन पारडी असतात. एकात वजन व दुसऱ्यात पदार्थ असतो. निरनिराळ्या ठिकाणी तराजू नेला तरी त्याच्या वजनात फरक पडत नाही. कारण वजन व वस्तू दोघांनाही पृथ्वीचे गुरूत्व बल खाली ओढेल. त्यामुळे कोणत्याही ठिकाणी तराजूने वजन केले तरी ते सारखेच भरेल. म्हणून स्प्रिंगच्या तराजूपेक्षा पारड्याचा तराजू वापरणे केव्हाही चांगले असते.

२२३. प्रत्येक पौर्णिमेस चंद्रग्रहण का होत नाही ?

चंद्राची कक्षा पातळी पृथ्वीच्या कक्षा पातळीशी ५°, ८° इतका कोन करते. त्यामुळे प्रत्येक पौर्णिमेस चंद्र, पृथ्वी व सूर्य एका सरळ रेषेत येत नाहीत. म्हणून पृथ्वीची छाया प्रत्येक पौर्णिमेस चंद्रावर पडत नाही. म्हणून दर पौर्णिमेस चंद्रग्रहण होत नाही.

२२४. प्रकाशीय उपकरणांना काळा रंग का दिलेला असतो ?

पांढरा रंग प्रकाश परावर्तक आहे. काळा रंग प्रकाशकिरणे शोषून घेणारा

आहे. प्रकाशीय उपकरणे उदा. कॅमेरा, दुर्बिण, सूक्ष्मदर्शक यंत्र यामध्ये वस्तुची प्रतिमा निश्चित ठिकाणी उमटते. समोरच्या भिंगातून येणारी प्रकाशकिरणे यंत्राच्या आतील भिंतीवर पडून जर परावर्तन झाले तर मिळणारी प्रतिमा ठळक आणि निश्चित स्वरुपाची असणार नाही किंवा प्रतिमेमध्ये अनावश्यक प्रकाशकिरणे घुसून प्रतिमेचा रेखीवपणा बिघडेल. म्हणून भिंगातून आत आलेली किरणे इकडे तिकडे पडून परावर्तन होऊ नये यासाठी ह्या उपकरणांना आतून काळा रंग दिलेला असतो. हा रंग अनावश्यक किरणे शोषून घेतो.

२२५. प्रदूषण म्हणजे काय ? ते कोणत्या प्रकारचे असते ?

मानव त्याच्या कृतीद्वारा हवा, पाणी यांच्या नैसर्गिक घटकात मानवालाच हानिकारक ठरणारा जो बदल घडवून आणतो त्याला प्रदूषण म्हणतात. ते अनेक प्रकारचे आहे. त्यापैकी काही महत्त्वाचे प्रदूषण पुढीलप्रमाणे–

हवेचे प्रदूषण : शहरातील वाहने मोठ्या प्रमाणात धूर बाहेर सोडतात. त्यातील अनेक विषारी वायू हवेत मिसळतात. कारखान्यातून रसायनाच्या वाफा, धूर, कार्बनचे कण, विषारी वायू हवेत सोडले जातात. रासायनिक कारखान्यात क्लोरीन, सल्फर डॉय ऑक्साईड, अमोनिया यासारख्या घातक वायूची गळती होऊन ते वायू हवेत मिसळतात. प्रदुषणाच्या विषारी वायुचा परिणाम होऊन फुफ्फुसाचे रोग, कर्करोग होतात. वायू गळतीमुळे प्राणहानी होते. सल्फर डाय ऑक्साईडमुळे आम्लयुक्त पाऊस पडतो. हा पाऊस प्राणी व वनस्पती या दोघांनाही घातक आहे.

पाण्याचे प्रदूषण : रासायनिक कारखान्यातून बाहेर पडणारे दूषित पाणी योग्य ती काळजी न घेता जवळच्या नदी-नाल्यात सोडले तर ते पाणी दूषित होते. पिकावरच्या कीडीचा नाश करण्यासाठी वापरण्यात येणाऱ्या कीटकनाशकांचा उरलेला भाग पाण्याबरोबर नदी-नाल्यात वाहून जातो व पाणी दूषित होते. नदीत जनावरे धुणे, आंघोळी, कपडे धुणे यामुळे पाणी दूषित होते. समुद्रात एखादे तेलवाहू जहाज फुटल्यास पाण्यावर तेलाचा तवंग तयार होतो. त्यामुळे पाणी दूषित होऊन जलचर प्राणी मरतात.

ध्वनिचे प्रदूषण : शहरात रेडिओ, टीव्ही, लाऊडस्पीकर इत्यादींचे आवाज सुरूच असतात. त्यात भर म्हणून ट्रक, मोटारीचे हॉर्न, ब्रेकचे कर्कश आवाज मिसळतात. त्यामुळे मोठा गोंधळ होतो व ध्वनिचे प्रदूषण होते. ध्वनिचे प्रदूषण वाढले म्हणजे डोकेदुखी, चिडचिडेपणा व शेवटी वैताग येऊन पागलपणा येऊ शकतो.

२२६. पवनकुक्कुट म्हणजे काय ? ते कोठे असते ?

पूर्वीच्या काळी हवा वाहण्याची दिशा दाखविणारे यंत्र तयार केले गेले. जिकडे हवा वाहत असेल तिकडे यंत्राच्या बाणाचे टोक व उलट्या बाजूला शेपूट असे. नंतर ह्या यंत्रावर एका कोंबड्याचे चित्र चिकटविले गेले. जिकडे हवा वाहत असेल तिकडे कोंबड्याचे तोंड राहत असे. कोंबड्याची आकृती बसविल्यामुळे याला वातकुक्कुट किंवा पवनकुक्कुट असे म्हणतात. ज्या ठिकाणी हवा मोकळी वाहते अशा उंच ठिकाणी, मनोऱ्यावर किंवा दाराच्या छपरावर हे यंत्र बसविलेले असते.

२२७. पर्जन्य मापक यंत्र कसे असते ?

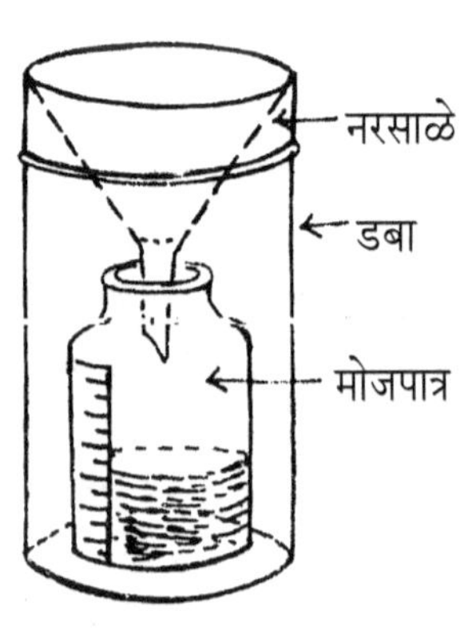

आपल्या गावी किती पाऊस पडला हे दाखविणाऱ्या यंत्राला पर्जन्यमापक यंत्र म्हणतात. ह्या यंत्रात एक दंडगोलाकृती उंच पत्र्याचं डबा असतो. ह्या डब्याच्या आत एक काचेची शिशी ठेवलेली असते. ह्या शिशीवर घन सेंटीमीटरच्या खुणा केलेल्या असतात. पूर्वी घन इंचाच्या खुणा असत. शिशीवर जर खुणा नसतील तर शिशीत जमा झालेले पाणी मोजपात्रात टाकून त्याचे आकारमान मोजत असत. ह्या डब्याचा व्यास ५ इंच असतो. डब्याच्या वरच्या बाजूला छिद्र असून त्यात ५ इंच व्यासाची चाडी (नरसाळे) बसविलेले असते. ह्या चाडीचे खालचे टोक शिशीत गेलेले असते. ५ इंच व्यासाच्या वर्तुळावर जेवढा पाऊस पडेल तो सर्व शिशीत जमा होतो. त्याचे आकारमान मोजून त्या ठिकाणी तेवढा पाऊस पडला हे सांगता येते. हे यंत्र मोकळ्या पटांगणावर ठेवलेले असते.

२२८. पवनचक्की कशी असते ? तिचा काय उपयोग होतो ?

पवनचक्की ह्या नावातच ती कशी असेल याची कल्पना येते. पवन म्हणजे वारा-वाऱ्याच्या जोरावर फिरणाऱ्या चक्कीला पवनचक्की म्हणतात. ज्या ठिकाणी वारे जोराने वाहतात, त्या ठिकाणी पवनचक्क्या उभारलेल्या असतात. एक उंच

पवन चक्की

दगडी मनोरा बांधून त्याच्या वरच्या टोकावर पात्यापात्याचा मोठा पंखा बसविलेला असतो. वाऱ्याच्या जोरामुळे पंखा फिरतो. त्याची गती खाली आणून तिच्या सहाय्याने वीजनिर्मिती, जलसिंचन वगैरे कामे करून घेतली जातात.

२२९. 'परिदर्शक' (पेरीस्कोप) हे यंत्र कसे असते ? त्याचा वापर कोठे होतो ?

सपाट आरशाच्या स्तंभिकेला ४५° चा कोन करून जर प्रकाश किरण पडला तर तो ४५° चाच कोन करून परावर्तन पावतो. म्हणजे पडणारा किरण व परावर्तन किरण यांच्यात ९०° चा कोन तयार होतो. याचा अर्थ असा सुद्धा आहे की ४५° च्या कोनात ठेवलेल्या आरशावर जर प्रकाश किरण पडला तर तो ९०° चा कोन करून परावर्तन पावतो. ह्याच तत्त्वाचा उपयोग परिदर्शक या यंत्रात केलेला असतो. एका लांब सरळ नळीत दोन टोकांना दोन आरसे एकमेकांना समांतर व ४५° च्या

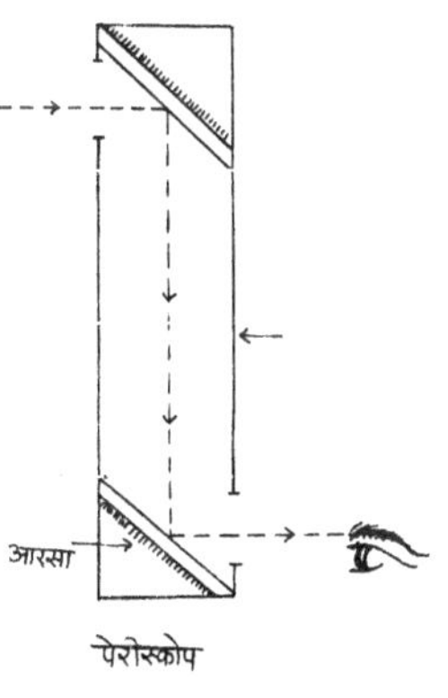

कोनात बसविलेले असतात. ह्या आरशासमोर नळीला छिद्र पाडलेले असते. ह्या छिद्रातून प्रकाशकिरणे एका आरशावर पडले की ते ९०°च्या कोनातून परावर्तन पावतात व दुसऱ्या आरशावर पडतात तेथून ते पुन्हा ९०° च्या कोनातून परावर्तन पावतात व त्याच्या समोरच्या छिद्रातून पाहणाऱ्याच्या डोळ्यात शिरतात. हे यंत्र पाणबुडीत वापरतात. पाणबुडी पाण्याखाली समुद्रात असते. पाण्याच्या खालूनच पाण्याच्या वर होणाऱ्या घटना पाहण्यासाठी पेरीस्कोप हे यंत्र पाणबुडीत बसविलेले असते. त्याचे एक टोक पाण्याच्या वर आलेले असते.

खालच्या टोकासमोर पाणबुडीत एक माणूस बसलेला असतो. त्याला पाण्याच्या वर होणाऱ्या हालचाली दिसतात.

२३०. पेट्रोलिअमच्या भागशः उर्ध्वपतनाने कोणती इंधने मिळतात ?

पेट्रोलियमच्या भागश: उर्ध्वपतनाने पुढील इंधने मिळतात-
i) फ्युएल ऑईल ii) डिझेल iii) केरोसिन iv) पेट्रोल v) डांबर vi) वंगन vii) पॅराफीन मेण viii) पेट्रोलियम गॅस.

२३१. पेट्रोल इंजिनात स्पार्क प्लग वापरतात परंतु डिझेल इंजिनामध्ये प्लग वापरत नाहीत याचे कारण काय ?

पेट्रोल इंजिनमध्ये संपीडन आघातात हवा व पेट्रोलची वाफ यांच्या मिश्रणाचे तापमान ६००°c पर्यंत वाढते. हे तापमान पेट्रोलच्या वाफेच्या म्हणजेच इंधनाच्या ज्वलनांकापेक्षा कमी आहे. म्हणून पेट्रोलच्या वाफेचे ज्वलन होत नाही. म्हणून ठिणग्या पाडण्यासाठी प्लग वापरतात. डिझेल इंजिनमध्ये संपीडन आघातात तापमान १०००°c पर्यंत वाढते. हे तापमान डिझेलच्या ज्वलनांकापेक्षा जास्त असल्याने तेलाचे ज्वलन सुरू होते म्हणून डिझेल इंजिनमध्ये स्पार्क प्लग वापरीत नाहीत.

२३२. पिवळ्या फॉस्फरसला हाताने का स्पर्श करू नये ?

पिवळ्या फॉस्फरसचा ज्वलनांक ३०° से आहे. आपल्या शरीराचे तापमान ३७° से असते. त्यामुळे पिवळा फॉस्फरस बोटाने उचलल्यास तो त्वचेच्या संपर्कात नकळत व उत्स्फूर्तपणे पेट घेतो. पिवळ्या फॉस्फरसच्या ज्वलनाने होणाऱ्या जखमा तीव्र असतात. त्या लवकर बऱ्या होत नाहीत. म्हणून पिवळा फॉस्फरस हातात धरू नये. पिवळा फॉस्फरस पाण्यात ठेवलेला असतो.

२३३. तरणाचा नियम कोणता?

"द्रवात तरंगणाऱ्या वस्तुचे वजन, तिच्या द्रवव्याप्त भागाने विस्थापित केलेल्या द्रवाच्या वजनाइतके असते". पाण्याने अगदी काठोकाठ भरलेला पेला बशीत उभा ठेवा. त्या पाण्यावर एक लहान लाकडी ठोकळा ठेवा. तो पाण्यावर तरंगेल पण त्याच वेळी पेल्यातील काही पाणी बशीत पडेल. बशीत जमा झालेल्या पाण्याचे वजन केले तर ते लाकडी ठोकळ्याच्या वजनाइतके भरते.

२३४. पुलावरून जाताना सैनिक मागे-पुढे पावले टाकीत का चालतात ?

सैन्यातील सैनिक नेहमी पावले मिळवून चालत असतात. सर्वांचा डावा पाय एकाच वेळी पुढे असतो. नंतर उजवा पाय एकाच वेळी पुढे येतो. सर्व एकदमच थांबतात; पण पुलावरून जाताना मात्र ते तसे चालत नाहीत. कारण ते जर पावले मिळवून चालले तर सर्वांच्या पावलांची एकत्रित कंपन गती एकाच वेळी पुलावर प्रयुक्त होईल व त्या प्रचंड हादऱ्याने पूल खाली कोसळेल म्हणून सैनिक पुलावरून जाताना मागे-पुढे पावले टाकीत चालतात.

२३५. पाण्यात बुडालेल्या आरशाने उन्हाचा कवडसा भिंतीवर पाडला तर सात रंगांचा वर्णपट का दिसतो ?

पाण्यात बुडालेल्या आरशावर सूर्याचे किरण पडून ते परावर्तित होतात पण पाण्यामुळे त्यांचे अपस्करण होऊन सात रंग वेगळे होतात. प्रत्येक रंगाचा अपवर्तनांक भिन्न असल्यामुळे ते एकत्र न उमटता शेजारी शेजारी उमटतात व

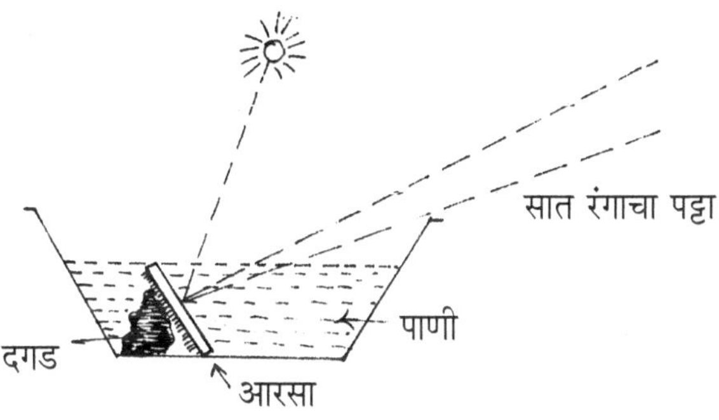

भिंतीवर सात रंगांचा वर्णपट मिळतो. तांबड्या रंगाचा अपवर्तनांक कमी असतो म्हणून तो सुरुवातीला व जांभळ्या रंगाचा अपवर्तनांक जास्त असल्याने तो शेवटी उमटतो. सूर्याचा पांढरा प्रकाश सात रंग मिळून बनलेला आहे. हे न्युटन नावाच्या शास्त्रज्ञाने शोधून काढले.

२३६. पातळ काच हवेत कैचीने सरळ कापत येत नाही पण हीच काच हौदातील पाण्यात बुडवून कैचीने कापली असता सरळ का कापली जाते ?

हवेत कात्रीने काच कापण्याचा प्रयत्न केला तर कात्रीची आघात कंपने

काचेवर तयार होतात त्यामुळे ती तडकून वाकडीतिकडी कापली जाते किंवा फुटते. तीच काच कात्री व आपले हात या तिन्ही गोष्टी हौदाच्या पाण्यात खोल बुडवून पाण्यातल्या पाण्यात काच कापण्याचा प्रयत्न केला तर आघाताची कंपने पाण्यात शोषली जातात व काच न तडकता सरळ कापली जाते.

२३७. प्रेक्षकांनी भरगच्च भरलेल्या सभागृहात अस्वस्थ का वाटते ?

सभागृहात हजारो प्रेक्षक बसलेले असतात. त्यांच्या उच्छ्वासाद्वारे कार्बन-डाय-ऑक्साईड वायू बाहेर सोडला जातो. हा वायू हवेपेक्षा जड असतो. म्हणून त्याचा थर सभागृहात तयार होतो. ह्याच थरात प्रेक्षक बसलेले असतात. त्यामुळे त्यांना ऑक्सिजन कमी मिळतो व जीव गुदमरल्याप्रमाणे होऊन अस्वस्थ वाटते. यावर उपाय म्हणून सभागृहातील हवा खेळती ठेवण्यासाठी वर पंखे बसविलेले असतात. शिवाय गरम हवा निघून जाण्यासाठी वरच्या बाजूला लहान (वातायने) व्हेंटिलेटर ठेवलेली असतात.

२३८. प्रिझम म्हणजे काय ? प्रिझममधून एखादी वस्तू पाहिल्यास ती रंगीत का दिसते ?

ज्याचा पाया व वरचे टोक समान आकाराचा समभूज त्रिकोण असतो अशा काचेच्या भरीव ठोकळ्याला प्रिझम किंवा त्रिकोणी लोलक म्हणतात. प्रिझमला

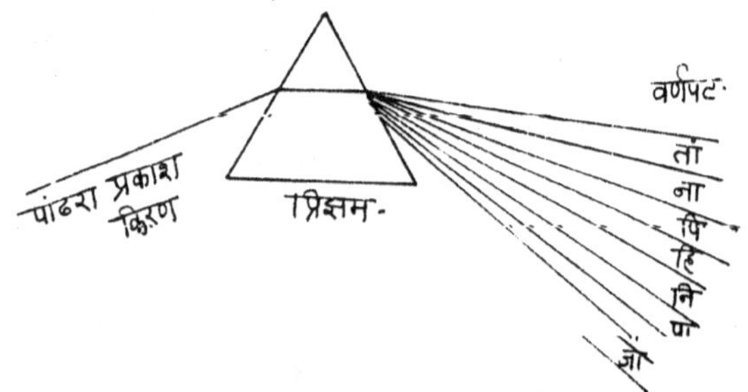

एकूण पाच बाजू असतात. तीन समान मापाचे आयत व दोन समान मापाचे समभूज त्रिकोण अशा ह्या पाच बाजू असतात. प्रिझम चौकोनी पायावर उभा ठेवला आणि त्याच्या एका बाजूकडून त्यावर पांढऱ्या प्रकाशाची किरण शलाका पाडली तर दुसऱ्या बाजूकडून त्या प्रकाश किरणाचे अपस्करण होऊन सप्तरंगी वर्णपट मिळतो. एखादी वस्तू प्रिझममधून पाहिली असता तिच्यापासून निघालेल्या पांढऱ्या प्रकाशकिरणाचे अपस्करण होते. परिणामतः निरनिराळे रंग वेगवेगळे

होऊन ते डोळ्यात जातात व त्यामुळे ती वस्तू रंगीत दिसते.

२३९. प्रतिध्वनी म्हणजे काय ?

प्रतिध्वनी म्हणजे दूरच्या पृष्ठभागावरून परावर्तित झाल्यामुळे ध्वनिची होणारी पुनरावृत्ती होय. ध्वनी कानावर पडल्यावर त्याचा परिणाम $\frac{१}{१०}$ सेकंद टिकतो. त्यामुळे मूळ ध्वनी कानावर पडल्यावर $\frac{१}{१०}$ सेकंदापेक्षा जास्त वेळाने परावर्तित ध्वनी कानावर पडल्यास आपणास त्याचे स्वतंत्रपणे ज्ञान होते. म्हणजेच प्रतिध्वनी ऐकू येतो. यासाठी परावर्तक पृष्ठभाग निरीक्षकापासून १७ मीटरपेक्षा जास्त अंतरावर असणे आवश्यक आहे.

२४०. पाण्याचे असंगत आचरण म्हणजे काय ?

कोणताही पदार्थ थंड केला म्हणजे आकंचन पावतो व त्याची घनता वाढत जाते. पाणी थंड केले असता त्याचे तापमान ४° से होईपर्यंत त्याचे आकारमान कमी होते व घनता वाढत जाते. इतर पदार्थांचे तापमान आणखी कमी केले तर त्याचे आकारमान आणखी कमी होईल व घनता वाढेल पण पाण्याचे तसे नाही पाण्याची महत्तम घनता. ४° से वरच आहे. ४° से पेक्षा पाण्याचे तापमान कमी केले तर त्याचे आकारमान वाढू लागते व ०° से तापमान झाले की त्याचे बर्फ तयार होते व ते पाण्यावर तरंगू लागते. ह्याच गुणधर्माला पाण्याचे असंगत आचरण म्हणतात.

२४१. पाल भिंतीवर सहज पळू शकते व छताच्या खालून चालू शकते हे कसे घडते ?

पालीच्या पंजाला गादी असते. स्नायूची हालचाल करून पायाची गादी व भिंत यामधील हवा तिला काढून टाकता येते. पायाची गादी व भिंत यात हवा नसल्यामुळे वातावरणाच्या दाबामुळे तिचे पाय भिंतीवर दाबले जातात. त्यामुळे पालीचे पाय घसरत नाहीत व गुळगुळीत भिंतीवर ती पळू शकते.

२४२. प्रखर उजेडातून एकदम सावलीत आल्यास काही वेळपर्यंत सावलीतील वस्तू का दिसत नाही ?

प्रखर उजेडात वावरत असताना डोळ्याची बाहुली आकुंचन पावलेली

असते. सावलीत आल्यावर काही काळपर्यंत ती लहानच असते. एवढ्या लहान बाहुलीतून सावलीतील वस्तू आपली प्रतिमा डोळ्याच्या दृष्टिपटलावर उमटवू शकत नाहीत म्हणून काहीच दिसत नाही. थोड्या वेळाने बाहुली मोठी होते व त्या वस्तू दिसू लागतात.

२४३. प्रकाश संश्लेषण म्हणजे काय ?

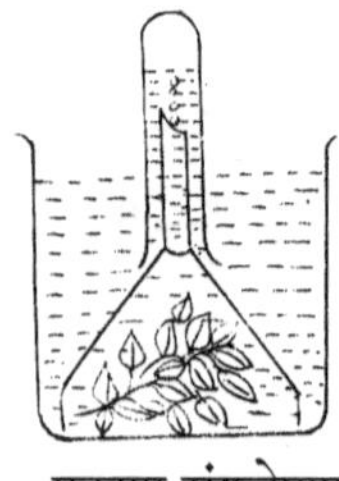
प्रकाण संश्लेषण

सूर्यप्रकाशात वनस्पती हवेतील कार्बन-डॉय-ऑक्साईड शोषून घेतात. आपले अन्न तयार करण्यासाठी त्यातील कार्बन ठेवून घेऊन ऑक्सिजन बाहेर सोडतात. ही क्रिया फक्त सूर्यप्रकाशातच घडून येते म्हणून तिला प्रकाश संश्लेषण क्रिया म्हणतात.

२४४. फिरणाऱ्या यंत्रात बॉल-बेअरिंग व वंगण वापरतात याचे कारण काय ?

भ्रमणजन्य घर्षण हे घर्षणाच्या इतर प्रकाराहून सर्वात कमी असते. वंगणामुळे दोन पृष्ठभागामध्ये एक प्रकारचा गुळगुळीत पातळ थर जमा होऊन ते पृष्ठभाग एकमेकावर कमी प्रमाणात घासले जातात. अशा रितीने बॉल-बेअरिंग व वंगण यामुळे घर्षण बऱ्याच प्रमाणात कमी होते आणि यंत्राच्या फिरणाऱ्या भागाची गती विशेष कमी नाही व त्याचे भाग झिजण्याचे प्रमाण कमी होते.

२४५. फाऊंटनपेनच्या टोपणाला एक बारीक छिद्र का असते ?

टोपणाच्या आतील हवा तापून प्रसरण पावते. टोपण पेनाला घट्ट बसविलेले असते. त्यामुळे प्रसरण पावलेल्या हवेचा दाब पेनातील शाईवर पडतो व ती हवा शाईला पेनाबाहेर ढकलते व पेनातील शाई बाहेर पडून कपड्यावर डाग पडतात. म्हणून प्रसरण पावलेली हवा बाहेर निघून जाण्यासाठी टोपणाला बारीक छिद्र पाडलेले असते.

२४६. फळ कच्चे असताना हिरवे व कडक असते आणि पिकल्यावर मात्र मऊ व वेगळ्या रंगाचे का होते ?

वनस्पती सजीव असल्याने त्यांच्यात वंशविस्तार ही एक महत्त्वाची

प्रेरणा असते. बीजप्रसारासाठी वनस्पती पशु-पक्षी व इतर प्राण्यांचा उपयोग करून घेतात. बिजाचा पूर्ण विकास होण्याआधी पशु-पक्षी फळावर तुटून पडू नये म्हणून फळाचा रंग हिरवा असतो. हिरव्या पानाच्या आड कच्च्या कैऱ्या, पेरू इ. फळे लवकर दिसत नाहीत. तसेच कच्च्या फळाची चव तुरट किंवा आंबट असल्याने त्यांचे पक्ष्यांना आकर्षण नसते. पण एकदा का बिया पूर्ण वाढल्या की मात्र पक्ष्यांना आकर्षित करणे आवश्यक असते. यामुळे फळाचा रंग बदलतो. गोड रसाच्या अपेक्षेने पक्षी फळावर तुटून पडतात आणि बीजांचा प्रसार होतो.

२४७. काही फळे गोड व काही फळे आंबट का असतात ?

फळामध्ये फ्रुक्टोज (साखर), विशिष्ट आम्ले, जीवनसत्त्वे, स्टार्च, प्रोटीन आणि सेल्युलोज या पदार्थांचे प्रमाण वेगवेगळे असते. ज्या फळात फ्रुक्टोज अधिक ती फळे गोड असतात. ज्यात आम्लाचे प्रमाण अधिक ती फळे आंबट असतात. संत्र्यात सामान्यपणे दोन्हींचे प्रमाण सारखे असते. म्हणून ते आंबट-गोड लागते.

२४८. फोटो काढण्याची रोल फिल्म उजेडात का उघडू नये ?

फोटो काढण्याच्या फिल्मवर प्रकाशाला संवेदनक्षम सोल्युशन लावलेले असते. ही फिल्म कॅमेऱ्यात बसवून फोटो काढला जातो. फोटो काढताना कॅमेऱ्याच्या लेन्समधून मोजकाच प्रकाश फिल्मवर पडतो व फोटो निघतो. रोल फिल्म जर प्रकाशात उघडली तर पूर्ण फिल्मवर प्रकाश पडेल व त्यामुळे संपूर्ण फिल्म काळी पडून जाईल. ती जर कोरी असेल तर वाया जाईल. जर तिच्यावर फोटो काढलेले असतील तर ती काळी पडून तिच्यावर काढलेले फोटो वाया जातील. म्हणून ती प्रकाशात उघडू नये.

२४९. फरशीवर भांडे पडले तर आवाज बराच वेळ घुमत राहतो पण त्याला हात लावताच तो बंद का होतो ?

फरशीवर भांडे पडले असता त्याला कंपनीगती प्राप्त होते. त्यामुळे हवेत कंपने तयार होतात. ती आपल्या कानात पोचली म्हणजे आपणास आवाज ऐकू येतो. भांडे धातूचे असल्याने बऱ्याच वेळ कंप पावत राहते. त्यामुळे बऱ्याच वेळ ध्वनी ऐकू येत राहतो. भांड्याला हात लावताच त्याचे कंपन थांबते. त्यामुळे हवेत ध्वनिलहरी तयार होत नाहीत व ऐकू येणारा आवाज बंद होतो

२५०. फटाका पेटविल्यावर त्याचा जोराने स्फोट का होतो ?

फटाका तयार करताना त्यात गंधक, कोळसा व पोटॅशियम क्लोरेट यांचे मिश्रण भरतात. गंधक व कोळसा हे जळणारे घटक आहेत. त्यांना लागणारा ऑक्सिजन पुरविणारा घटक पोटॅशियम क्लोरेट हा आहे. तिन्ही घटकांचे योग्य प्रमाणात मिश्रण करून एका लहान पुडीत भरतात. ह्या मिश्रणात बुडलेल्या वातीचे टोक बाहेर आणून नंतर ह्या पुडीला घट्ट कागदाच्या अनेक वेढ्यांनी किंवा सुतळीचे घट्ट असे अनेक वेढे मारून कडक बनवितात. बाहेरील वात पेटविली म्हणजे ती पेटत आत जाते व मिश्रणाला पेटविते. पोटॅशियम क्लोरेटमधील भरपूर ऑक्सिजन मिळाल्यामुळे अगदी कमी जागेत मिश्रणाचा भडका उडतो व त्याचा दाब वाढतो व तो वरील आवरणाला जोराने फोडून बाहेर येतो. त्यामुळे वरील कडक आवरण जोराचा स्फोट होऊन त्याच्या चिंधड्या होतात. त्यामुळे हवेत जोराची कंपने तयार होतात व आपणास स्फोट ऐकू येतो.

२५१. ब्लिचींग पावडर कशी तयार करतात ?

ब्लिचींग पावडरला विरंजक चूर्ण असे म्हणतात. मोठ्या प्रमाणावर पाणी शुद्ध करण्यासाठी ह्या जंतुनाशकाचा वापर केला जातो. त्याचे रासायनिक नाव 'कॅल्शियम ऑक्सिक्लोराईड' असून त्याचे चिन्ह $CaOCl$ असे आहे. एका बंद खोलीत लाकडी फळ्यावर विरी गेलेला चुना पसरून ठेवतात व त्यात २४ तास- पर्यंत क्लोरीन वायू सोडतात. क्लोरीन वायू चुन्यात शोषला गेला की त्यापासून ब्लिचींग पावडर तयार होते. जास्तीत जास्त ७०% तीव्र ब्लिचींग पावडर मिळू शकते. ती अतिशय अस्थिर असते. पाण्यात विरघळली, आम्लाचा परिणाम केला किंवा सूर्यप्रकाशात ठेवली की हिचे विघटन होऊन

क्लोरीन वायू बाहेर पडतो.

२५२. 'बोन्साय' म्हणजे काय ?

बोन्साय हा शब्द 'बॉन' (उथळ पात्र), 'साय' (लघुवृक्ष) या जपानी शब्दापासून बनलेला आहे. 'उथळ पात्रातील लघुवृक्ष' हा त्याचा अर्थ आहे. नेहमीच्या माहितीतल्या मोठ्या झाडाची कृत्रिम उपायाने खुंटवून तयार होणाऱ्या लहान आकाराच्या सुंदर झाडाला 'बोन्साय' म्हणतात. जपानमध्ये या तंत्राचा विकास झाला आहे. भारतात वड, पिंपळ, आंबा, बांबू, रबर, चिंच, डाळिंब, पेरू, चिकू, संत्रे, बोगनवेल, जास्वंद, सोनचाफा वगैरे वनस्पतीचे लघुवृक्ष करण्यात आले आहेत.

बोन्साय इतर नैसर्गिक वृक्षाप्रमाणेच वाढतात. त्यांना फळे, फुले येणे या गोष्टी इतर झाडासारख्याच घडतात पण कृत्रिमरित्या त्यांची वाढ रोखल्याने त्यांना नेहमीचे मोठे स्वरूप येत नाही. मात्र फुले, फळे यांचा आकार साधारणपणे त्या जातीच्या मोठ्या वृक्षाच्या त्या अवयवासारखाच असतो. नैसर्गिकरित्या वाढ खुंटलेल्या झाडापासून, बी रूजवून आलेल्या रोपापासून, दुसऱ्या झाडावर कलम करून बोन्साय बनवितात.

२५३. 'बर्म्युडा ट्रँगल' म्हणजे नक्की काय आहे ?

अमेरिकेच्या आग्नेय किनारपट्टीपासून काही अंतरावर पश्चिम अटलांटिका समुद्रात एक विशिष्ट असा त्रिकोणाकार प्रदेश आहे. उत्तरेकडे बर्म्युडाबरोबर निघून दक्षिणेला फ्लोरिडापर्यंत जाणाऱ्या, तिथून पूर्वेकडे बहामा बेटातून जात ४०° रेखांशावरून प्युटोरिया मागे टाकून पुन्हा बर्म्युडाकडे येणाऱ्या तीन काल्पनिक रेषांपासून तयार झालेल्या या त्रिकोणालाच 'बर्म्युडा ट्रँगल' म्हणतात. आजवर या भागात १०० च्या वर आगबोटी व विमाने आणि १००० हून अधिक लोक गायब झाले आहेत. तसेच त्यांच्या अवशेषाचाही मागसूम न लागल्याने हा प्रदेश रहस्यमय समजला जातो.

पृथ्वीप्रमाणे येथेही गुरुत्वाकर्षण शक्ती निर्माण झाली आहे. त्यामुळे या भागात विशिष्ट परिघामध्ये एखादे जहाज आले तर ते गुरुत्वाकर्षणामुळे समुद्रात ओढले जाते.

२५४. बेडूक पावसाळ्या व्यतिरिक्त इतर ऋतूमध्ये आपल्या दृष्टीस का पडत नाहीत ? त्या वेळी ते अन्न कोठून मिळवितात ?

बेडूक हा जमीन व पाणी या दोन्ही ठिकाणी राहू शकणारा थंड रक्ताचा

प्राणी आहे. केवळ ओलसर जागेतच तो स्वतःस जिवंत ठेवू शकतो. त्यामुळे तळे, डबके, पाण्याचा पाट किंवा नदीच्या दोन्ही तीरावरील ओलसर परिसर ही त्याची निवासस्थाने होत– म्हणून पावसाळा हा बेडकासाठी सर्वात अनुकूल ऋतू असतो. इतर प्राण्याप्रमाणे बेडकाच्या शरीराचे तापमान वर्षभर स्थिर राहत नाही. हिवाळ्यातील थंड हवेमुळे बेडकाच्या शरीरातील तापमान कमी होते व उन्हाळ्यात वाढते. हिवाळ्यातील थंडीमुळे त्याच्या शरीराच्या हालचाली मंद होतात. अशा परिस्थितीत जिवंत राहण्यासाठी तो ओलसर मातीत साधारणतः दोन फूट खोल संपूर्ण हिवाळाभर निश्चल पडून राहतो. या त्याच्या स्थितीस 'हिवाळी निद्रा' असे म्हणतात. या काळाच तो नाकाऐवजी त्याच्या ओल्या त्वचेद्वारे श्वसन करतो. या निद्रावस्थेत स्वतःला जिवंत ठेवण्यासाठी तो त्याच्या शरीरातील पावसाळ्यात साठविलेले 'स्निग्ध पदार्थ' व 'ग्लायकोजेन' याचा वापर करतो. या कालावधीत तो रोडावतो परंतु मरत नाही. उन्हाळ्यातही वाढलेल्या तापमानात बेडूक हेच तंत्र वापरतो. उन्हाळ्यातील ओलसर मातीतील त्याच्या निद्रेला 'उन्हाळी निद्रा' असे म्हणतात. पावसाळा सुरू होताच बेडूक आपल्या निद्रेतून जागा होतो. पावसाळ्यातील सारे वातावरण बेडकाच्या आनंदमय मधूर ध्वनिंनी पुन्हा एकदा भरून जाते.

२५५. बेशुद्ध पडलेल्या माणसाला नवसागर व खाण्याचा चुना यांचे मिश्रण घोटून का हुंगवितात ?

खाण्याचा चुना व नवसागर एकत्र घोटले की त्याच्यात रासायनिक क्रिया सुरू होते व त्या क्रियेतून अमोनिया वायू तयार होतो. या वायूला अतिशय उग्र वास आहे. तो नाकात गेला की नाकात झिणझिण्या येतात. नाकातील संवेदनावाहक मज्जातंतू जागृत होतात आणि मनुष्य शुद्धीवर येतो. तसेच त्याच्यामुळे डोळ्यात अश्रुसुद्धा येतात. डोळेही जागृत होतात व अश्रूंनी धुतले जातात.

२५६. बदक पाण्यावर कसे तरंगते ?

बदक पाण्यापेक्षा जड असल्यामुळे पाण्यात बुडावयास पाहिजे पण ते बुडत नाही. याचे कारण म्हणजे त्याचा आकार होडीप्रमाणे असतो. बदकाची पिसे तेलकट असल्याने त्यांचे पाण्यातून प्रतिसारण होते. पाण्याच्या ह्या प्रतिसारणामुळे बदकाची एक होडीच तयार होते. पिसाच्या ह्या होडीवर बदक तरंगते.

२५७. बर्फाचे दोन तुकडे एकमेकांवर दाबल्यास ते का चिकटतात ?

बर्फाचे दोन तुकडे एकमेकांवर दाबून नंतर दाब काढून घेतल्यास त्यांचा दोन्हींचा मिळून एक तुकडा तयार होतो. दोन तुकड्यावर दाब दिल्यामुळे बर्फाचा द्रावणांक कमी होतो. त्यामुळे एकमेकाला टेकलेल्या बाजू वितळतात व त्यांचे पाण्यात रूपांतर होते. तुकड्यावरील दाब काढून घेतल्यावर बर्फाचा द्रावणांक पूर्ववत होतो. त्यामुळे वितळण्याच्या क्रियेत तयार झालेले पाणी गोठून बर्फाचे तुकडे एकसंघ होतात. या क्रियेमुळे बर्फाचा चुरा मुठीत धरून दाबला असता त्याचा एक गोळा बनतो.

२५८. बर्फाच्या लादीवर ठेवलेले रुपयाचे नाणे खालून आरपार निघते पण लादी मात्र अखंड कशी राहते ?

बर्फाच्या लादीवर रुपयाचे जड नाणे ठेवल्याने त्याचा दाब बर्फावर पडतो व तेथील द्रावणांक कमी झाल्याने बर्फाचे पाणी होते व नाणी खाली सरकते. वरच्या भागावरील दाब कमी झाल्याने पाण्याचे पुन्हा बर्फ होते. हीच क्रिया सतत घडत राहते व नाणे खाली सरकत जाते व शेवटी लादीच्या खालून बाहेर पडते पण बर्फाच्या लादीला मात्र छिद्र दिसत नाही.

२५९. बंदूक उडविली असता तिचा दस्ता एकदम मागे का येतो ?

या ठिकाणी न्युटनचा गतिविषयक तिसरा नियम लागू पडतो. 'कोणत्याही एका वस्तूवर बलाची क्रिया होत असताना बल निर्माण करणाऱ्या वस्तुवर विरूद्ध दिशेने तेवढ्याच परिमाणाचे बल प्रतिक्रिया करीत असते' या नियमाप्रमाणे बंदुकीतून गोळी सुटताना गोळीवर खूप मोठे बल क्रिया करते. गोळी बंदुकीवर तेवढ्याच परिमाणाच्या प्रतिक्रिया बल विरूद्ध दिशेने प्रयुक्त करते. बंदूक उडविली असता गोळी वेगाने पुढे निघून जाते व तिच्या प्रतिक्रिया बलामुळे बंदुकीचा दस्ता मागे ढकलला जातो.

२६०. बांडगूळ म्हणजे काय ?

बांडगूळ हे एका वनस्पतीचे नाव आहे. ही वनस्पती परोपजीवी आहे. ती एखाद्या झाडावर उगवते व त्या झाडातील पोषक द्रव्ये, अन्न व पाणी शोषून घेऊन वाढत राहते. त्याचा परिणाम असा होतो की मूळ झाड जी पोषक द्रव्ये

जमिनीतून घेते ती बांडगुळाला आयतीच मिळतात. काही काळाने मूळ झाडाची वाढ थांबते व बांडगूळ मोठे होत राहते. रस्त्याच्या कुंपणावर बरेच वेळ पिवळ्या रंगाचा वेल असतो त्याला पाने नसतात. तो सुद्धा बांडगुळाप्रमाणेच इतर झाडातील पोषक द्रव्ये शोषून घेऊन वाढत असतो.

२६१. बैलगाडीच्या चाकात वारंवार वंगण का घालावे लागते ?

बैलगाडीत ओझे भरलेले असते. ती गाडी बैल ओढत असतात. चाकाचे आसाशी घर्षण वाढले तर बैलांना गाडी ओढणे जड जाईल. आस व चाकाचा बुधला यांच्यामधील जागेत गुळगुळीत तेलाचे वंगण भरतात. त्यामुळे घर्षण कमी होते व चाक सहज फिरते. त्यामुळे बैलांना गाडी ओढणे सुलभ होते.

२६२. बर्फ लाकडी भुशात का गुंडाळून ठेवतात ?

बर्फ उघडे ठेवले तर बाहेरील गरम हवा लागून त्याचे तापमान ०° से पेक्षा वाढेल व त्याचे पाण्यात रूपांतर होऊ लागेल. लाकडी भुसा हा उष्णतेचा दुर्वाहक आहे. त्यातून उष्णता किंवा थंडी लवकर वाटत नाही. बर्फाला भुशात गुंडाळून ठेवले म्हणजे वातावरणातील हवेचा व त्याचा संबंध तुटतो. वातावरणातील उष्णता भुशामधून बर्फापर्यंत पोचू शकत नाही. त्यामुळे बर्फाचे पाणी होत नाही. ते तसेच स्थायू स्थितीत राहते.

२६३. बैलगाडीच्या चाकावर धाव बसविताना लोहार तिला लाल होईपर्यंत का तापवितात ?

बैलगाडीच्या चाकावर धाव बसविताना चाकापेक्षा किंचित लहान आकाराची धाव तयार करतात. तिला लाल होईपर्यंत गरम करतात. त्यामुळे ती प्रसरण

पावून तिचा परिघ चाकाच्या परिघापेक्षा मोठा होतो. नंतर ती धाव लाल गरम असतानाच चाकावर बसवितात व तिच्यावर एकदम थंड पाणी ओततात. त्यामुळे तिचा परिघ आकुंचन पावतो व त्याचा व्यास कमी होतो. त्यामुळे ती चाकावर घट्ट दाबून बसते व सहजासहजी निघत नाही.

२६४. बादलीत पाणी भरून तिचा दोरा हातात धरून गरगर फिरविले असता बादली आडवी होते पण तिच्यातील पाणी खाली का सांडत नाही ?

दोरीला वजन बांधून गरगर फिरविल्यामुळे ते वजन आडवे होऊन मध्यबिंदूभोवती क्षितीज समांतर फिरू लागते. ह्या वेळी वजनावर सेंट्रिफ्युगल फोर्स कार्य करते. हा जोर वजनाला मध्यबिंदूपासून दूर नेण्याचा प्रयत्न करतो पण त्याच वेळी बाहेर जाणाऱ्या वजनावर कार्य करणारे दुसरे बल दोरीचे असते. हे बल वजनाला बाहेर जाण्यापासून थांबविते. हीच क्रिया पाण्याने भरलेली बादली फिरविताना होते. पाणी बाहेर पडण्याचा प्रयत्न करते पण बादलीचे बूड त्याला बाहेर पडू देत नाही. त्यामुळे पाणी बादलीतच अडकून राहते.

२६५. बर्फ वितळू नये म्हणून त्याला घोंगडी पांघरतात तीच घोंगडी आपण आपल्या शरीराभोवती गुंडाळून थंडीपासून बचाव करतो असे का ?

घोंगडी मेंढीच्या केसापासून तयार करतात. ती उष्णतेची दुर्वाहक आहे. घोंगडी बर्फाभोवती गुंडाळली म्हणजे बाहेरील गरम हवा ती बर्फापर्यंत जाऊ देत नाही. त्यामुळे बर्फ वितळत नाही. हीच घोंगडी थंडीच्या दिवसात अंगाभोवती गुंडाळली म्हणजे वातावरणातील थंड हवा शरीरापर्यंत पोचत नाही आणि शरीराची आतील उष्णता बाहेर जाऊ देत नाही. त्यामुळे आपणास थंडी वाजत नाही. दोन्ही ठिकाणी घोंगडी उष्णतेची दुर्वाहक म्हणूनच काम करते.

२६६. भूक का लागते ?

पोट रिकामे झाल्यामुळे आपल्याला भूक लागते असा अनेकांचा गैरसमज आहे. प्रत्यक्षात भूक लागण्याचे कारण वेगळे असते. आपल्या अन्नातून आपल्याला अत्यंत उपयुक्त व पौष्टिक द्रव्ये मिळत असतात. त्यांचा साठा कमी झाला की मेंदूकडे संदेश जातो. अन्नातील पौष्टिक द्रव्यामुळे रक्त तयार करणे व शरीरात ऊर्जा निर्माण करणे हे काम होते. त्यांची कमतरता झाली की आपल्याला भूक लागते.

२६७. भिंगांचे प्रकार कोणते आहेत ?

भिंगांचे मुख्यतः दोन प्रकार आहेत i) अंतर्वक्र भिंगे ii) बहिर्वक्र भिंगे. यातील प्रत्येक भिंगाचे पुन्हा तीन-तीन उपप्रकार आहेत. त्यांचा वापर चष्मे, सूक्ष्मदर्शक यंत्र, दुर्बिणी, कॅमेरा, प्रोजेक्टर इत्यादी प्रकाशयंत्रात करतात. प्रकाश विज्ञानात भिंगांना महत्त्वाचे स्थान आहे. त्यांच्या मदतीने पदार्थाच्या खऱ्या किंवा भ्रामक प्रतिमा मिळविता येतात. प्रतिमांचे वर्धन तथा सूक्ष्मीकरण करता येते. प्रत्येक भिंगास दोन केंद्रे असतात.

२६८. भूकंप कसा होतो ?

भू-पृष्ठाच्या हादरण्यास भूकंप म्हणतात. पृथ्वीचा केंद्राकडील भाग अत्यंत तापलेला आहे. नद्या, तलाव, समुद्र यांचे पाणी झिरपून भू-पृष्ठाच्या आत जाते. तेथील उष्णतेने ह्या पाण्याची वाफ होते. ह्या वाफेला मूळ पाण्याच्या आकारमानापेक्षा किती तरी जास्त जागा लागते. ती जागा न मिळाल्याने वाफ वर येण्याचा प्रयत्न करते. तिच्या प्रचंड दाबाने भू-कवच हादरते व काही ठिकाणी त्याला भेगा पडतात. त्यामुळे प्रचंड प्राणहानी व वित्तहानी होते. जमिनीचे स्वरूप पालटते. घरे, इमारती पडतात.

२६९. मरूद्यान (ओअॅसिस) कशाला म्हणतात ?

उष्ण वाळवंटी प्रदेशात एखाद्या ठिकाणची वाळू उडून जाऊन खोल खड्डा तयार होतो. त्यातील भू-जल पातळी उघडी पडल्यास पाणवठा, वनस्पती व वस्ती तयार होते. अशा ठिकाणांना मरूद्याने (ओअॅसिस) म्हणतात.

२७०. मधमाशांच्या पंखाचा आवाज ऐकू येतो पण कावळ्याच्या पंखाचा आवाज ऐकू येत नाही असे का ?

मधमाशा उडताना त्यांच्या पंखांची हालचाल कावळ्याच्या पंखाच्या हालचालीपेक्षा किती तरी अधिक पटींनी जास्त वेगाने (दर सेकंदास ३०० वेळा) होत असते. परिणामी वारंवारता वाढल्याने मधमाशांच्या पंखांचा आवाज ऐकू येतो.

२७१. मुंग्यांच्या रांगेतून जाणारी प्रत्येक मुंगी येणाऱ्या मुंगीच्या कानात काय सांगते ?

एखाद्या मुंगीस खाण्याचा पदार्थ सापडल्यास ती सहकाऱ्यापर्यंत पोहोचेपर्यंत एक विशिष्ट वासाचा द्रव आपल्या मार्गात पसरविते. या द्रवाच्या वासामुळेच मुंग्यांना आपल्या भक्ष्याचा किंवा अन्नाचे ठिकाण कळते. जेव्हा एखादी मुंगी अन्नाच्या ठिकाणाहून परत येते त्या वेळी तिच्या डोक्याकडील मिशासारख्या भागाने दुसऱ्या मुंगीस या वासाचे आकलन होते. यामुळे मुंग्यांना मार्ग बरोबर सापडतो. या कारणास्तव आपणास एक मुंगी दुसरीच्या कानात सांगत आहे असे वाटते.

२७२. मधुमेहाचा विकार कसा जडतो ?

इन्सुलिन एक संप्रेरक आहे. ग्लुकोजपासून ऊर्जा निर्मितीसाठी होणाऱ्या रासायनिक क्रियांचे नियमन हे संप्रेरक करते. शरीरात आवश्यक तेवढे इन्सुलिन तयार न झाल्याने शरीरात निर्माण होणाऱ्या सर्व साखरेचे ज्वलन होत नाही. त्यामुळे राहिलेली साखर मुत्रातून बाहेर जाते. लघवीतून साखर बाहेर जाण्याच्या ह्या रोगाला मधुमेह म्हणतात. त्यामुळे रोग्याच्या आहारातील साखरेचे प्रमाण कमी करावे लागते. रोग्याला इन्सुलिनची इंजेक्शने घ्यावी लागतात. ह्या रोगावर खात्रीलायक उपचार उपलब्ध नाही.

२७३. 'मेरी हॅड अ लिटल लॅम्प' हे बालगीत कोणत्या यंत्रातून बाहेर पडले ?

जगप्रसिद्ध शास्त्रज्ञ थॉमस ऑल्वा एडिसन याने आपल्या सहकाऱ्याला यंत्राचे एक डिझाईन दिले व त्याप्रमाणे यंत्र तयार करण्यास सांगितले. त्याने ते यंत्र तयार करून आणल्यावर एडिसनने त्यावर पातळ पत्रा गुंडाळला व हॅडल हळुहळू फिरवून यंत्राच्या भोंग्यात वरील बालगीत मोठ्याने म्हटले. नंतर पत्रा पहिल्याप्रमाणे ठेवून हॅडल पुन्हा फिरविले तेव्हा हेच बालगीत भोंग्यातून मोठ्याने ऐकू आले. अशा प्रकारे जगातील पहिल्या ग्रामोफोनचा शोध लागला. पुढे पुढे लाखेच्या गोल तबकड्या तयार करून त्या नरम असतानाच त्यावर ध्वनिमुद्रण करीत व नंतर त्यांना कठीण बनवित. ह्या तबकडीवर टोकदार सुई लावलेला डबा ठेवून

तबकडी फिरविली की ध्वनिमुद्रित केलेले गाणे किंवा आवाज पुन्हा येई.

२७४. मोराचे पीस पुस्तकातून ओढून काढल्यावर का पसरते ?

मोराचे पीस पुस्तकातून ओढून काढताना पिसाच्या तंतूचे पुस्तकातील कागदाशी घर्षण होते. त्यामुळे प्रत्येक तंतूवर सजातीय घर्षण विद्युत तयार होते. सजातीय विद्युत प्रतिसारण करते. त्यामुळे पिसाचा प्रत्येक तंतू दुसऱ्या तंतूला दूर लोटतो. अशा रितीने प्रतिसारण केल्यामुळे सर्व तंतू एकमेकांपासून दूर जातात व पीस पसरलेले दिसते.

२७५. मासे वीज तयार करतात हे कितपत खरे आहे ?

मासे वीज तयार करतात हे खरे आहे. हे मासे इतर माशाप्रमाणेच असतात. अमेझॉनच्या खोऱ्यातील ओरिनोको ह्या नदीत 'इलेक्ट्रिक ईल' हा काळसर दिसणारा मासा आहे. तो मोठ्या प्राण्याला विजेचा तीव्र झटका देऊ शकतो. त्याचा परिणाम ४ तासापर्यंत टिकू शकतो. त्यामुळे प्राणी अर्धमेला होऊन जातो. काही मासे ६५० होल्ट दाब निर्माण करू शकतात. वीज निर्माण करणारा अवयव डोके व कल्ले यांच्या दरम्यान असतो. शत्रुकडून आपल्यावर हल्ला होण्याचा संभव आहे अशी शंका येताच हा मासा प्रचंड विद्युतदाब निर्माण करून शत्रुला जोराचा विजेचा झटका देतो. शत्रू हतबल होताच हा मासा पळून जातो.

२७६. मानवी डोळ्याची रचना कशी असते ?

मानवी डोळ्याचे पुढीलप्रमाणे भाग असतात. १) पारपटल २) परितारीका ३) बाहुली ४) दृष्टीपटल ५) नेत्रभिंग.

नेत्रगोलाच्या उघड्या पृष्ठभागावरील गोलाकार पारदर्शक आवरणास पारपटल म्हणतात. पारपटलावर पडणाऱ्या प्रकाशाचे अपवर्तन होऊन तो प्रकाश नेत्रभिंगाकडे जातो. पारपटलाच्या मागील अपारदर्शक पडद्यास परितारीका म्हणतात. परितारीकेच्या मध्यभागी असलेल्या छिद्रास बाहुली म्हणतात. डोळ्यातील प्रकाश संवेदी पडद्यास दृष्टीपटल म्हणतात.

प्रकाश तीव्र असल्यास परितारीकेचे स्नायू बाहुलीचा आकार लहान करतात.

तर प्रकाश कमी असल्यास परितारीकेचे स्नायू बाहुलीचा आकार मोठा करतात. अशा प्रकारे परितारीका बाहुलीच्या आकाराचे व पर्यायाने नेत्रभिंगावर पडणाऱ्या प्रकाशाचे नियंत्रण करते. नेत्रभिंग त्यावर पडणारा प्रकाश दृष्टिपटलावर एकत्रित करते. दृष्टिपटलात फार मोठ्या संख्येने प्रकाश संवेदी पेशी असतात. वस्तूकडून येणारा प्रकाश त्यांच्यावर पडला असता त्या विद्युत संकेत निर्माण करतात. हे संकेत दृष्टिचेतातून मेंदूकडे पोचल्यावर मेंदूला त्याचा अर्थबोध होऊन आपणास वस्तू दिसते.

२७७. म्हातारपणी केस पांढरे का होतात ?

केस म्हणजे त्वचेचाच एक भाग असतो. त्वचेखाली असलेल्या मेलॅनिन द्रव्यामुळे त्वचेला गोरा, काळा रंग आलेला असतो. हे द्रव्य कमी असले की माणूस गोरा दिसतो व जास्त असले की काळसर दिसतो. केसांना हा रंग मेलॅनिनमुळेच आलेला असतो. म्हातारपणी शरीराच्या सर्व क्रिया मंद झालेल्या असतात. त्यामुळे रंगद्रव्य तयार करणाऱ्या पेशींचे कार्यही मंदावते. याचा परिणाम म्हणजे केसांना पुरेसे मेलॅनिन मिळत नाही व ते पांढरे होऊ लागतात. केसांना मेलॅनिन पुरविण्याचे काम इतरही काही कारणामुळे थांबू शकते. अशा वेळी मनुष्य जरी म्हातारा झालेला नसला तरी त्याचे केस पांढरे होऊ लागतात.

२७८. माणसाला दररोज किती तास झोप हवी ?

बालवयात झोपेचे प्रमाण खूपच जास्त असते आणि म्हातारपणी ते बरेच कमी असते; पण व्यक्ती व्यक्तीत झोपेच्या प्रमाणात असणारा फरक मात्र अगदी बालपणापासून तो अत्यंत वृद्ध वयापर्यंत सर्वत्र आढळतो. अगदी तान्ह्या मुलाचे पहिल्या तीन दिवसातील झोपेचे प्रमाण सर्वात जास्त असते; पण त्यांच्यातसुद्धा दिवसाच्या चोवीस तासांपैकी काही मुले साडेदहा तासच झोप घेतात. तर कित्येक मुले बावीस तासापर्यंत झोप काढतात. ७० वर्षावरील वृद्ध माणसातही झोपेच्या प्रमाणात ५ तासापासून १२ तासापर्यंत फरक आढळतो. मात्र डॉक्टरांना एक गोष्ट अशी आढळली की रोज ९ तासापेक्षा जास्त झोप घेणाऱ्यांना उगाच नसत्या गोष्टीची चिंता, काळजी करण्याची सवय असते. त्यामानाने ६ तासाहून कमी झोप घेणारे अशा चिंतेपासून मुक्त असतात. स्वतःला किती झोप आवश्यक आहे ते पुढीलप्रमाणे ठरवावे. रोज रात्री ठराविक वेळेला झोपून सकाळी अधिकाधिक

लवकर उठावे. किती लवकर उठले असता झोप अपुरी झाली असे न वाटता दिवसभराची कामे नेहमीच्या उत्साहाने करता येतात का ते पहावे.

२७९. मृगजळ म्हणजे काय ? ते कोठे असते ?

हवा गरम झाली म्हणजे अनेक चमत्कार घडतात. मृगजळ हा तसाच एक चमत्कार आहे. हा चमत्कार ज्या ठिकाणी पाणी नाही अशाच ठिकाणी म्हणजे वाळवंटात घडत असतो. वाळवंटात नुसती रेतीच असते. सूर्याच्या उष्णतेने ही

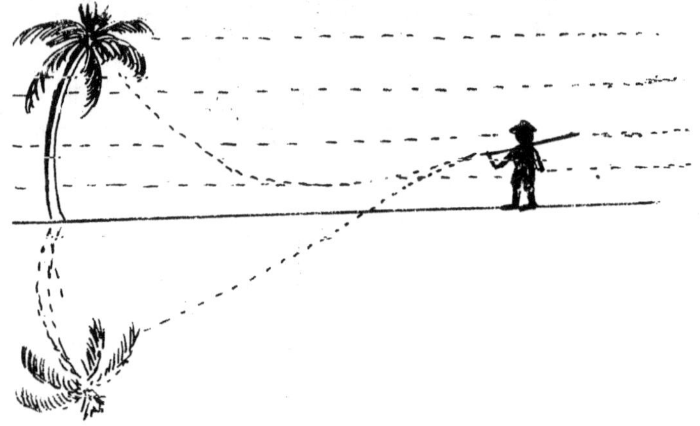

रेती तापते व तिच्या लगतची हवा तापून हलकी होते व ती वर जाऊ लागते. असे थरामागून थर वर जाऊ लागतात व हे थर लांबून पाहिले असता पाण्याच्या लाटेप्रमाणे हलताना दिसतात. त्यामुळे त्या ठिकाणी पाणी वाहत आहे किंवा पाण्याचा साठा आहे असे तहानलेल्या हरणांना वाटते व ती तिकडे पळत जातात. म्हणून ह्या चमत्काराला 'मृगजळ' म्हणतात.

२८०. एखादी वस्तू पृथ्वीपासून जसजशी वर जाईल तसतसे तिचे वजन कमी का होते?

वस्तुचे वजन म्हणजे वस्तुवर क्रिया करणारे पृथ्वीचे गुरूत्व बल होय. जसजसे वस्तुचे पृथ्वीपासूनचे अंतर वाढत जाते तसतसे त्या वस्तुवरील पृथ्वीचे गुरूत्व बल कमी होत जाते. म्हणून वस्तू पृथ्वीपासून दूर नेल्यास तिचे वजन कमी भरते.

२८१. मानवी शरीराचे वेगवेगळे अवयव तपासण्यासाठी लागणारी उपकरणे कोणती ?

१) छाती तपासण्यासाठी - स्टेथेस्कोप.
२) डोळे तपासण्यासाठी - ऑप्थेम्लोस्कोप.
३) कान तपासण्यासाठी - ऑटोस्कोप.
४) नाक तपासण्यासाठी - लॅरिंथोस्कोप व फॉरिन्थोस्कोप.
५) फुफ्फुसे तपासण्यासाठी - ब्रॉन्कोस्कोप.
६) पोट तपासण्यासाठी - गॅस्टोस्कोप.
७) मुत्राशय तपासण्यासाठी - सिस्टोस्कोप.
८) मलद्वार तपासण्यासाठी - प्राक्टोस्कोप.
९) रक्तदाब तपासण्यासाठी - स्फिग्मोनोमीटर.

२८२. मोटारगाडीत चालकाजवळ बहिर्वक्र आरसा का बसविलेला असतो ?

मोटारीच्या चालकाला मान मागे वळवून न पाहता मागील वाहन दिसावे म्हणून आरसा बसविलेला असतो. तो जर सपाट आरसा असला तर मागील वाहन जितके मागे असेल तितकेच आरशात पुढे दिसेल. ते पहाणे कठीण जाईल. म्हणून सपाट आरसा वापरीत नाहीत. बहिर्गोल आरशात मात्र मागील वाहन कितीही दूर मागे असले तरी त्याची प्रतिमा आरशात त्याच्या केंद्रबिंदूजवळच दिसते. ही प्रतिमा दिसण्यात सोपी असते.

२८३. मनुष्य प्राणी इतर सजीवापेक्षा कोणत्या बाबतीत वेगळा आहे ?

मानवाचा मेंदू फार प्रगत आहे. म्हणून तो १) कल्पनाविलास करू शकतो. २) काळजीपूर्वक विचार करू शकतो. ३) आठवण ठेवू शकतो. ४) विविध विचारातून एकाची निवड करू शकतो. ५) निष्कर्षाला येऊन निर्णय घेऊ शकतो. ६) केवळ उपजत बुद्धीने जीवनक्रिया करण्याऐवजी जीवनक्रियाचे नियमन व नियोजन करू शकतो. ७) आपल्या क्रिया पूर्वनिर्धारित लक्ष्य प्राप्त करून घेण्यासाठी करतो. ८) आपल्या सभोवती घडणाऱ्या घटनांचा अभ्यास करतो.

२८४. माणसाचे निरनिराळे रक्तगट कोणते आहेत ?

कार्ल लॅडस्टायनर ह्याने असे दाखवून दिले की जीवद्रव्यात आणि लोहीत कणावर काही पदार्थ वेगवेगळे असल्यामुळे माणसाच्या रक्ताचे चार प्रमुख गट पडतात. A, B, AB आणि O. त्याने असेही दाखवून दिले की रक्ताच्या दोन नमुन्याचे मिश्रण केल्यास काही वेळा लोहीत कणिकांची गुठळी होते. म्हणून रक्तदान करण्यापूर्वी दात्याच्या व ग्राहिताच्या रक्तगटाची चाचणी करणे आवश्यक आहे.

रक्तगट O असलेली व्यक्ती कोणताही रक्तगट असलेल्या ग्राहितास रक्तदान करू शकते. म्हणून ह्या व्यक्तीस वैश्विक दाता म्हणतात. रक्तगट AB असणारी व्यक्ती कोणत्याही रक्तगटाच्या व्यक्तीकडून रक्त घेऊ शकते. म्हणून ह्या व्यक्तीस वैश्विक ग्राहित म्हणतात. रक्तगट A असलेली व्यक्ती रक्तगट A व रक्तगट AB असलेल्या व्यक्तीस रक्तदान करू शकते. तर रक्तगट B असलेली व्यक्ती B व रक्तगट AB असलेल्या व्यक्तीस रक्तदान करू शकते. रक्तगट AB असणारी व्यक्ती फक्त AB रक्तगट असणाऱ्या व्यक्तीसच रक्तदान करू शकते.

२८५. मीठ विस्तवात टाकल्यास तडतड असा आवाज का येतो ?

मिठाच्या स्फटिकात पाणी असते. त्याला विस्तवात टाकल्यास त्या पाण्याची वाफ तयार होऊन ती मिठाच्या स्फटिकातून जोराने बाहेर पडते. स्फटिक जोराने फुटल्यामुळे तडतड असा आवाज येतो.

२८६. यारी म्हणजे काय ?

यारीला इंग्रजीत क्रेन म्हणतात. अवजड सामान उचलणे व ते दुसरीकडे ठेवणे हे काम यारीच्या सहाय्याने केले जाते. रूळावरून घसरलेले आगगाडीचे इंजिन, डबे रूळावर ठेवण्यासाठी, मोठमोठे ट्रान्सफार्मर उचलण्यासाठी याचा उपयोग करतात. कप्पीच्या मदतीने कमी श्रमात जास्त काम करणारे हे यंत्र आहे. यारीमध्ये एक स्थिर कप्पी असून तिला अनेक चलकप्प्या जोडलेल्या असतात. एकटा मनुष्य लिव्हर फिरवून क्रेन वर उचलू शकतो व तिला हवे तसे वळवू शकतो. बंदराच्या ठिकाणी माल चढविणे, उतरविणे यासाठी यारीचा जास्त उपयोग होतो. यारीच्या हुकाला मोठा विद्युत चुंबक लावून त्यात वीजप्रवाह सोडतात. त्यामुळे त्यात चुंबकत्व येते व त्याला मोठमोठे लोखंडी सामान चिकटते. लोखंडी वस्तू चिकटल्यावर यारी वर उचलतात व जेथे ते सामान

टाकायचे तेथे नेऊन विद्युत चुंबकातील विजेचा प्रवाह बंद करतात. त्यामुळे चिकटलेले लोखंडी सामान खाली पडते.

२८७. यथार्थ दर्शकाची रचना कशी असते ?

एकाच दृष्याचा फोटो काढल्यावर कॅमेरा २ सें.मी. बाजूला पुन्हा त्याच दृष्याचा फोटो काढतात. अशा प्रकारे दोन फोटो काढल्यावर ते एका पुठ्ठ्यावर शेजारी शेजारी लावतात. हे फोटो पाहण्यासाठी सारख्या केंद्रान्तराची दोन बाह्यगोल भिंगे घेतात. प्रत्येक भिंगाचा बाहेरच्या बाजूला अर्धा भाग कागद चिकटवून झाकून टाकतात. अशी भिंगे डोळ्यासमोर धरून दोन्ही डोळ्यांनी ह्या भिंगातून फोटोच्या जोडीकडे पाहिले तर ते दोन फोटो न दिसता त्यांचा एकच फोटो दिसतो. हे चित्र अतिशय उठावदार व प्रत्यक्ष वस्तूसारखे यथार्थ दिसते. म्हणून याला यथार्थ दर्शक म्हणतात.

२८८. यकृत हा अवयव कोठे असतो ? त्याचे कार्य कोणते ?

यकृत शरीरात पोटात जठराच्या वर व श्वासपटलाच्या खाली असते. हिचा रंग तांबडा, तपकिरी असतो. हिला इंग्रजीत 'थनि' लिव्हर म्हणतात. यकृताच्या खालच्या अंगास स्नायूची पिशवी असते. तिला पित्ताशय म्हणतात. यकृतात तयार झालेला पित्तरस तिच्यात जमा होतो व पित्तनलिकेमार्फत पक्वाशयात जातो. तेथे ह्या रसामुळे स्निग्ध पदार्थाचे पचन होते.

२८९. 'युरेका, युरेका' (सापडले, सापडले) हे शब्द कोणत्या शास्त्रज्ञाने केव्हा उच्चारले ?

इटलीतील शास्त्रज्ञ आर्किमिडीज याच्या तोंडून हे शब्द बाहेर पडले होते. पाण्याच्या टबमध्ये आंघोळ करीत असताना जेव्हा त्याला समजले की पाण्यात पदार्थ बुडला असता पाणी त्याला वर लोटते त्यामुळे त्याचे पाण्यातील वजन कमी होते. यावरून त्याने 'घनपदार्थ एखाद्या द्रवात बुडविला असता त्याच्या वजनात जी तूट येते ती तूट घनपदार्थाने बाजूला सारलेल्या द्रवाच्या वजनाइतकी असते' हा महत्त्वाचा सिद्धांत शोधून काढला व झालेल्या आनंदाने तो भान विसरून तसाच टबाच्या बाहेर पडला व रस्त्याने 'युरेका, युरेका' म्हणत धावत सुटला.

२९०. रसाकर्षण (Osmosis) म्हणजे काय ?

अर्धभेद्य आवरणामुळे कमी घनतेचा द्राव जास्त घनतेच्या द्रावाकडे खेचला जाणे या क्रियेस 'रसाकर्षण' म्हणतात. रसाकर्षणासाठी द्रावावर हवेचा दाब असणे जरुरीचे आहे. तसेच अर्धभेद्य आवरणातून फक्त द्रावच आत जाऊ शकतो. विरघळलेला पदार्थ जाऊ शकतोच असे नाही. व्यवहारात ही क्रिया वनस्पतीच्या मुळाकडून घडवून आणली जाते. मुळावरील अर्धभेद्य आवरणामुळे बाहेरचे पाणी व विद्राव्य क्षार मुळात शोषले जातात; परंतु मुळातील द्राव मात्र बाहेर जाऊ शकत नाही. पार्चमेंट पेपर, अंड्याच्या बलकावरील पातळ पापुद्रा ही अर्धभेद्य आवरणाची उदाहरणे आहेत. उकडलेले व टरफल काढलेले अंडे साध्या पाण्यात टाकले तर काही वेळाने ते फुगते पण तेच मिठाच्या पाण्यात टाकले तर आकसते. पहिल्या वेळी बाहेरचे पाणी आत शिरले व दुसऱ्या वेळी अंड्यातील हलके पाणी बाहेरच्या मिठाच्या जड पाण्याकडे खेचले गेले.

२९१. रडार यंत्रणा कशी असते ?

ज्या वस्तू दूर अंतरावर असल्यामुळे किंवा ढग, धुके, पाऊस, अंधार यामुळे साध्या डोळ्यांना न दिसणाऱ्या वस्तुचे निश्चित ठिकाण, अंतर, गती, गतिची दिशा ज्या इलेक्ट्रॉनिक यंत्रणेच्या सहाय्याने मोजता येतात त्या यंत्रणेस 'रडार' असे म्हणतात. रडारमध्ये जे विद्युत चुंबकीय तरंग वापरले जातात त्यांचा वेग व प्रकाशाचा वेग समान असतो. दोन्ही प्रकारच्या ऊर्जा सरळ रेषेने प्रवास करतात. मात्र साध्या डोळ्यांनी आपण वस्तुचे वेगळेपण ओळखू शकतो तसे वेगळेपण ओळखणे रडार यंत्रणेला शक्य होत नाही.

रडारचा उपयोग मुख्यत्वेकरून आकाशात फिरणारी विमाने, अथांग सागरावरील जहाजे वगैरे लक्ष्यांचा वेध घेण्यासाठी त्यांचे स्थान, त्यांचा वेग वगैरेचे अचूक निदान करण्यासाठी होतो. लढाऊ जहाजांना व बॉम्बफेकी विमानांना संरक्षण देणे, तसेच आपल्या प्रदेशावर हल्ला करण्यासाठी येणाऱ्या शत्रूच्या विमानाची व जहाजाची पूर्वसूचना आपल्या संरक्षण यंत्रणेला देणे ही कामे रडार यंत्रणा करते. शांततेच्या काळात बंदरे, विमानतळे, रस्ते येथील वाहतूक नियंत्रण, वादळे, पावसाळी ढग, वारे यातील बदलाचा अंदाज या करिता रडारचा उपयोग होतो.

२९२. रक्ताचा रंग लाल का असतो ?

आपल्या रक्तात प्लाझ्मा, पांढऱ्या पेशी व प्लॅटलेट नावाचे घटक असतात.

शेवटचा पदार्थ पिवळट रंगाचा असतो व त्यामध्ये प्रथिने, क्षार, कार्बोहायड्रेट इ. पदार्थ असतात. लाल पेशीमुळे रक्ताला लाल रंग येतो. यामध्ये हिमोग्लोबिन नावाचे एक द्रव्य असते. त्यामुळे रक्ताचा रंग लाल होतो. असे संशोधकाच्या मते सांगण्यात आले आहे.

२९३. रॅबीज काय आहे ?

रॅबीज हा १०० टक्के जीवघेणा रॅबीज जीवाणूमुळे होणारा रोग आहे. हा भीतीदायक रोग गरम रक्ताच्या जनावराच्या विशेषत: भटक्या कुत्र्या, मांजराच्या चावण्या, ओरबाडण्यामुळे होतो. या जनावरांना रॅबीज जीवाणूची लागण होण्याने हा होतो. एकदा मज्जासंस्थेमध्ये हे जीवाणू शिरले की मृत्यू अटळ असतो. रॅबीज मानवामध्ये प्राण्याची लाळ, चावण्यामुळे किंवा खुल्या जखमेवर लागल्यास पसरतो. गळणारी लाळ, उघडे तोंड, सैल शेपूट, प्राण्याच्या आवाजात बदल आणि अनैसर्गिकरित्या खाली आलेले कान परंतु वेडा कुत्रा हेच रॅबिजचे एकमेव लक्षण नाही. काही प्राण्यांना सुप्त रॅबीज होतात. म्हणजे ते क्रमाक्रमाने लुळे पडत जातात. म्हणून जेव्हा एखाद्या प्राण्याच्या वर्तनात आणि वागण्यामध्ये लक्षणीय बदल होतो तेव्हा सामान्य माणसाने सावध राहणे बरे. इतकेच नव्हे तर स्वस्थ दिसणारे प्राणी संसर्गग्रस्त होऊन रॅबिजचे वाहक असू शकतात.

२९४. रायफलच्या गोळीचा वेग किती असतो ?

रायफलमधून ज्यावेळी गोळी सुटते त्यावेळी तिचा वेग दर ताशी २६४०कि.मी. असते. नंतर तिला हवेचा विरोध होतो. त्यामुळे तो कमी कमी होत जातो. सुरुवातीला दर सेकंदाला ६४० मीटर, दुसऱ्या सेकंदाला ३७० मीटर, तिसऱ्या सेकंदास २७० मीटर अंतर कापते व अडीच कि.मी. अंतरावर जाऊन पडते.

२९५. रंगाची जाणीव कशी होते ?

आपल्या डोळ्यातील दृष्टीपटल प्रकाश संवेदी पेशीचे बनलेले असते. या पेशी दंडाकार व शंक्वाकार अशा दोन प्रकारच्या असतात. दंडाकार पेशी प्रकाशाच्या तीव्रतेस प्रतिसाद देतात आणि मेंदूस प्रकाशाच्या तीव्रतेची व अंधुकतेची माहिती पुरवितात. शंक्वाकार पेशी प्रकाशाच्या रंगाला प्रतिसाद देतात आणि दृष्टिपटलावरील रंगाची माहिती मेंदूला पुरवितात. मिळालेल्या माहितीचे मेंदूद्वारे विश्लेषण केले जाते आणि आपणास पदार्थाचे वास्तव चित्र दिसते. अशा प्रकारे

दृष्टिपटलावरील शंक्वाकार पेशीमुळे आपणास रंगाची जाणीव होते. काही व्यक्तींच्या डोळ्यात विशिष्ट रंगांना प्रतिसाद देणाऱ्या शंक्वाकार पेशी नसतात त्यामुळे अशा व्यक्तींना रंगांधळेपणा प्राप्त होतो. त्यांना निरनिराळ्या रंगात भेद करणे शक्य होत नाही.

२९६. रेशमाच्या किड्याचे जीवनचक्र कसे असते ?

रेशमाच्या किड्याच्या अंडी, अळी, कोश व पतंग ह्या चार अवस्था असतात. रेशीम किड्याची मादी तुतीच्या झाडावर, पानावर अंडी घालते. काही दिवसांनी अंड्यातून अळी बाहेर येते. या अवस्थेत त्याच झाडाची पाने खाऊन

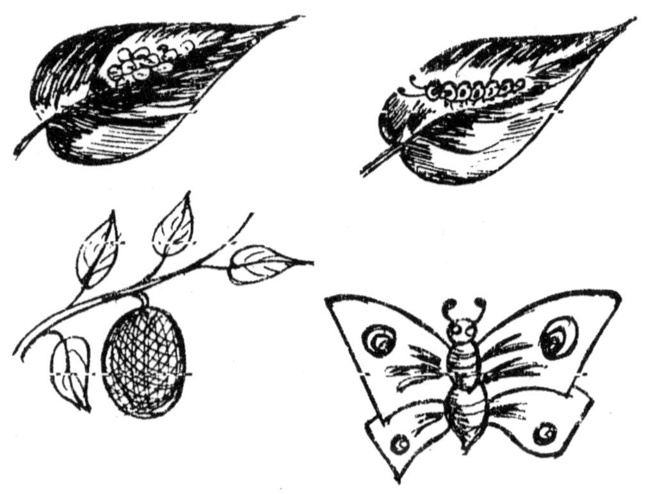

ती अळी जगते. म्हणून या काळात अळीला तुतीची पाने भरपूर घ्यावी लागतात. परिपक्व रेशीम अळीच्या तोंडात उघडणाऱ्या लाळ ग्रंथीतून एक चिकट पदार्थ स्त्रवतो. लाळेचा हवेशी संयोग झाल्यानंतर त्याचा धागा बनतो. तो अळीभोवती गुंडाळला जाऊन त्याचा कोश तयार होतो. असे अनेक कोश पाण्यात उकळले तर त्यांचा धागा अलग होतो. तो गुंडाळून घेऊन त्याचे कापड विणतात. ह्यालाच रेशीम कापड म्हणतात. कोश जर काढून घेतले नाही तर त्याच्या आत तयार झालेला पतंग (अळीपासून बनलेला) कोशाला भोक पाडून बाहेर येतो व उडून जातो. भोक पाडल्याने हा कोश धाग्यासाठी निरुपयोगी ठरतो.

२९७. रेल्वे प्लॅटफार्मवरील नळाच्या तोट्या ह्या घरगुती नळाच्या तोट्यापेक्षा अलग का असतात ?

प्लॅटफार्मवर उतरलेले प्रवासी पाणी पित असताना आगगाडी सुरू झाली तर घाईघाईत नळाची तोटी सुरूच ठेवून प्रवासी निघून जातील व नळ सुरू राहिल्याने. पाणी वाया जाईल. म्हणून त्या तोट्या स्प्रिंगच्या बनविलेल्या असतात. त्या दाबल्या म्हणजे नळातून पाणी येते व सोडल्या की पाणी आपोआप बंद होते.

२९८. रांजण खळगा म्हणजे काय ?

नदीपात्रातील खडकांना क्षरणामुळे खड्डे पडतात. नदी प्रवाहबरोबर वाहणारे दगड, गोटे या खड्ड्यात अडकतात. प्रवाहामुळे हे दगड-गोटे खड्ड्यामध्ये

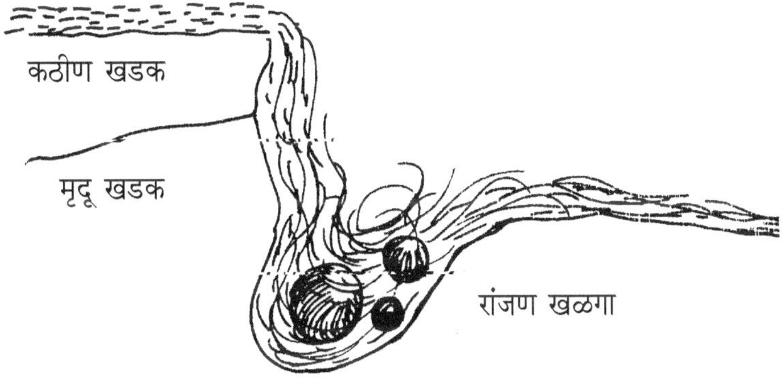

गोलाकार फिरतात. त्यावेळी झालेल्या घर्षणातून खड्ड्याचा आकार मोठा होतो. या खड्ड्यांना रांजण खळगे असे म्हणतात.

२९९. रेल्वे प्लॅटफार्मच्या काठावर उभे असताना आपल्या जवळून जर आगगाडी खूप वेगाने गेली तर आपणास गाडीकडे ओढल्यासारखे का वाटते ?

रेल्वे गाडी खूप जोराने जात असल्यामुळे प्लॅटफार्मवरील हवेला गती मिळते. ती हवा गाडी बरोबर वेगाने ओढली जाते. त्यामुळे प्लॅटफॉर्मवरील हवेचा दाब एकदम कमी होतो. हा दाब भरून काढण्यासाठी इतर ठिकाणची हवा तेथे जोराने घुसते. आपण प्लॅटफार्मवर उभे असलो तर आपणास त्या कमी दाबाच्या जागेत ढकलल्यासारखे वाटते.

३००. रबरी टायरवर खाचा का ठेवलेल्या असतात ?

रबरी टायरवर खाचा ठेवल्याने टायर खडबडीत होते. मोटारीची चाके फिरताना टायर जमिनीला घासून मागे लोटते त्यामुळे मोटार पुढे जाते. टायर जर गुळगुळीत असते तर जागच्या जागी गोल गोल फिरले असते. जमिनीशी घर्षण होण्यासाठी ते खडबडीत असणे आवश्यक आहे. जेव्हा मोटार थांबवायची असते त्यावेळी ब्रेक दाबल्याने चाके थांबतात. ती जर गुळगुळीत असती तर तशीच घासत पुढे गेली असती. रबरी टायरवर खाचा असल्याने त्यांचे सडकेशी घर्षण होते व चाके जागीच थांबतात. म्हणून मोटार चालण्यासाठी व थांबण्यासाठी टायर वर खडबडीत खाचा असणे आवश्यक आहे.

३०१. रात्रीच्या वेळी आकाशात ढग जमा झाले असतील तर गर्मी जास्त का होते ?

जमिनीवरील हवा अनेक कारणामुळे गरम होते. गरम हवा वजनाने हलकी असल्याने वर वर जाते. आकाश निरभ्र असेल तर ती हवा आकाशात निघून जाते पण आकाशात ढग असतील तर त्यांच्या जाड थराला भेदून ती वर जाऊ शकत नाही. त्यामुळे गरम हवेचे प्रमाण जास्त होते व आपणास गर्मी होऊ लागते.

३०२. रात्री झाडाखाली झोपणे आरोग्याला अपायकारक का असते ?

दिवसा सूर्यप्रकाशात वनस्पती कार्बन-डॉय-ऑक्साईड वायू शोषून घेतात व ऑक्सिजन बाहेर सोडतात. रात्री मात्र याच्या उलट क्रिया घडते. रात्रीच्या वेळी झाडे कार्बन-डॉय-ऑक्साईड वायू सोडतात. हा वायू हवेपेक्षा जड असल्याने त्याचा जाड थर झाडाखाली तयार होतो. झाडाखाली झोपले असता आपल्या श्वसनावाटे तो आपल्या शरीरात जाईल व त्यामुळे आपले आरोग्य बिघडेल.

३०३. लाईट हाऊस (दीपगृह) म्हणजे काय ?

समुद्रात ज्या ठिकाणी खडकावर जहाज आपटून फुटण्याचा धोका असतो अशा ठिकाणी दीपगृह बांधले जाते. बंदराचे नेमके ठिकाण, स्थिती तसेच बंदरात कसे शिरायचे? खडकाळ जागा कोठे आहे ? याची नेमकी माहिती दीपगृहे देत असतात. दीपगृहामुळे खलाशांना नेमकी दिशा समजते. दीपगृह क्राँकीट, दगड अगर पोलादाचे बनविलेले असते. याचा सर्वात वरचा मजला

काचेचा असतो. ख्रिस्तपूर्व काळापासून दीपगृहे अस्तित्वात असल्याचे पुरावे उपलब्ध आहेत. जिथे वीज असते तिथे विजेने, जनित्राने अगर बॅटरीने किंवा गॅसने प्रकाश निर्माण करून मोठ्या लेन्समधून समुद्राच्या पृष्ठभागावर प्रकाशाचा झोत टाकला जातो. हा झोत कित्येक मैलावरून स्पष्ट दिसू शकतो. दीपगृहातील प्रकाश झोताची उघडझाप होत असते. त्यामधून मूक संदेशही दिले जातात. दीपस्तंभाची मदार तो स्तंभ चालविण्यावर असते. त्याची थोडीशी ही चूक होऊन चालत नाही. बंदराजवळील दीपगृहे प्रखर प्रकाशाची नसतात. अनेकदा त्यांचा रंग लाल व हिरवा असा असतो.

३०४. लोखंडासारख्या पदार्थाचा विलयबिंदू साध्या तापमापीने का शोधता येत नाही ?

साध्या तापमापीवर १०० अंश सें. पर्यंतच खुणा असतात व ह्या तापमापीने फक्त ज्याचे तापमान १०० अंश सें. किंवा १०० अंश से. पेक्षा कमी आहे अशा पदार्थाचेच तापमान मोजता येते. लोखंडाचा विलयबिंदू फार वरचा म्हणजे १३०० अंश से. पेक्षा अधिक असल्यामुळे तेथे साध्या तापमापीचा उपयोग होत नाही.

३०५. लाजाळूच्या झाडाला हात लावताच त्याची पाने का मिटतात ?

आपण लाजाळूच्या झाडाला हात लावला की पर्णिकाच्या तळाशी असणाऱ्या फुगीर भागातील पाणी पेशीबाहेर पडून मुख्य शिरते पसरते. तसेच मुख्य शिरेच्या तळाशी असणाऱ्या फुगीर भागातील पाणी खोडात पसरते. पाणी कमी झाल्यामुळे ह्या पेशी लुळ्या पडतात आणि पर्णिका मिटून पान खाली वाकते. मिटलेली पाने मूळ स्थितीत येण्यासाठी एक तास लागतो. स्पर्शबाबत इतर झाडापेक्षा लाजाळूचे झाड एवढे संवेदनाक्षम का ? याचे कारण मात्र अजून कळलेले नाही. लाजाळूच्या पानांना हात लावला तर झाडात काय काय घडते हे सांगता येते पण हाताच्या स्पर्शमुळे ह्या क्रिया का घडतात हे मात्र अजून सांगता येत नाही.

३०६. लवणस्तंभ कसे तयार होतात ?

पावसाच्या पाण्यात हवेतील कार्बन-डाय-ऑक्साईड मिसळतो व कार्बाम्ल तयार होते. हे पाणी चुनखडकातून झिरपताना त्यात चुनखडक विरघळतो. त्यामुळे गुहा तयार होतात. विरघळलेले पाणी गुहेच्या छतातून झिरपताना पाण्याचे बाष्पीभवन होते. जेथे बाष्पीभवन होते तेथे चुना शिल्लक राहतो.

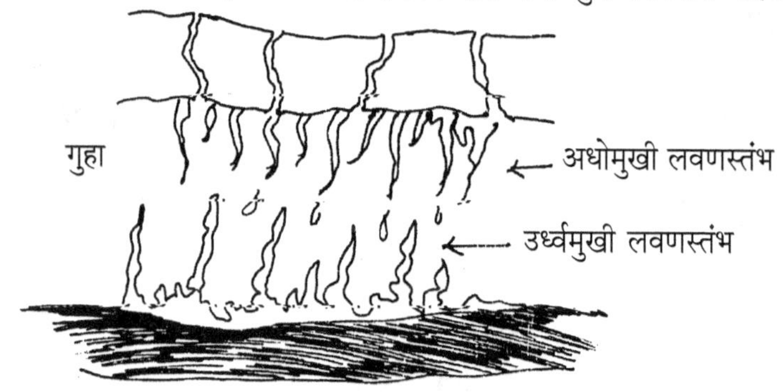

त्यामुळे छताकडून जमिनीकडे लोंबणारे लवणस्तंभ तयार होतात.

३०७. 'लघुपरिपथन' म्हणजे काय ?

घरातील वायरिंगमधील प्रावस्था तार व उदासिन तार यावरील आवरणाचे तुकडे पडून गेल्यास व या तारा एकमेकीजवळ आल्यास प्रावस्था तारेतील प्रभार उदासिन तारेवर जाते. या क्रियेला लघुपरिपथन (शॉर्ट सर्किट) म्हणतात. अशा वेळी एक तर फ्यूज उडतो किंवा या दोन तारादरम्यान ठिणग्या पडतात. त्या उष्णतेने रबरी आवरणाचे तुकडे व इतर ज्वालाग्राही पदार्थ पेट घेतात व आग लागते. विजेच्या ठिणग्या पडून आग लागल्यास प्रथम मुख्य स्वीच बंद करावा. नंतर त्या भागावर वाळू ओतावी किंवा अग्निशामक यंत्राने कार्बन-डाय-ऑक्साईड सोडावा. कोणत्याही परिस्थितीत त्या आगीवर पाणी ओतू नये.

३०८. लोखंडी खिळा पाण्यात बुडतो पण तोच खिळा पाण्यावर का तरंगतो ?

कमी घनतेचे पदार्थ जास्त घनतेच्या द्रवावर तरंगतात व जास्त घनतेचे पदार्थ कमी घनतेच्या द्रवात बुडतात. पाण्याची घनता लोखंडापेक्षा कमी असल्याने

त्यात लोखंडी खिळा बुडतो पण पाऱ्याची घनता खूप जास्त म्हणजे १३.६ असल्यामुळे त्यावर लोखंडी खिळा ठेवला असता तो बुडत नाही. पाऱ्यावर तरंगत राहतो.

३०९. लोखंडी अवजारे साफसुफ केल्यावर त्यांना तेल का लावतात ?

लोखंडी अवजारे घासून पुसून स्वच्छ करतात. त्यांच्यावरील गंज काढून टाकून लखलखीत करतात. ओलसर हवेचा, पाण्याचा लोखंडावर परिणाम होतो व ते गंजण्यास सुरुवात होते. ती क्रिया सुरू होऊ नये म्हणून लोखंडी वस्तूंना तेल लावतात. त्यामुळे लोखंडी वस्तुवर तेलाचा पातळ थर तयार होतो. त्यामुळे ओलसर हवा लोखंडापर्यंत पोहचू शकत नाही व लोखंड गंजत नाही.

३१०. लंबक (Pendulum) कसा असतो ?

एखाद्या आधाराला दोरीचे एक टोक बांधून दुसऱ्या टोकाला वजन बांधून त्याला झोका दिला की झाला लंबक तयार. ह्या लंबकाचा उपयोग करून गॅलिलिओने लंबकाचे घड्याळ तयार केले होते. लंबकाच्या दोरीची लांबी कायम असेल तर झोका मोठा असो की लहान असो त्याला लागणारा वेळ सारखाच असतो. लंबकाच्या दोरीची लांबी कमी-जास्त केली तर झोक्याला लागणारा वेळ बदलतो. लंबकाचा गोळा लहान असो की मोठा असो त्यात फरक पडत नाही. लंबकाचा आंदोलन काल लांबीच्या वर्गाच्या प्रमाणात बदलतो. लांबी जर दुप्पट केली तरी झोक्यास लागणारा वेळ चौपट लागेल.

३११. वनस्पतीजन्य तूप कसे तयार करतात ?

वनस्पतीजन्य तेले शुद्ध करून त्यापासून तुपासारखा घट्ट पदार्थ तयार केला जातो. त्यालाच वनस्पतीजन्य तूप म्हणतात. निकेलसारख्या सहाय्यक पदार्थाचा वापर करून तेलातील कार्बोहायड्रेटच्या रेणुशी हायड्रोजन वायुची रासायनिक प्रक्रिया घडविली जाते व हे रेणू हायड्रोजनने संपृक्त झाले की तेलाचे रूपांतर घनरूप चरबीत होते. त्यांचा वापर दुधापासून मिळणाऱ्या तुपाऐवजी करता येतो. भारतात डालडा, पोस्टमन, सुरजमुखी अशा अनेक नावाखाली वनस्पतीजन्य तूप तयार केले जाते. खाद्यतेल घट्ट करण्यापूर्वी ते चांगले शुद्ध करून घेतात.

३१२. वायुभारमापक यंत्र कसे असते ?

हवेचा दाब मोजणाऱ्या यंत्राला वायुभारमापक यंत्र असे म्हणतात. हवेचा दाब मोजण्यासाठी पहिला वायुभारमापक गॅलिलिओचे शिष्य टॉरीसेली यांनी तयार केला. त्यासाठी त्यांनी १ मीटर लांबीची समान अंतर्व्यास असलेली व एक तोंड बंद असलेली काचेची नळी पाऱ्याने भरून ती पारा असलेल्या वाटीत उलटी करून धरली. हा वायुभारमापक समुद्रसपाटीवर हवेचा दाब पाऱ्याच्या स्तंभाच्या ७६ सें. मी. असतो हे दाखवितो. इ. स. १६४३ मध्ये टॉरीसेली यांनी तयार केलेल्या ह्या वायुभारमापकाचा उपयोग करून पास्कल यांनी समुद्रसपाटीपासून दर १२० मीटर उंच गेल्यास पाऱ्याचा स्तंभ १ सें. मी. ने कमी होतो

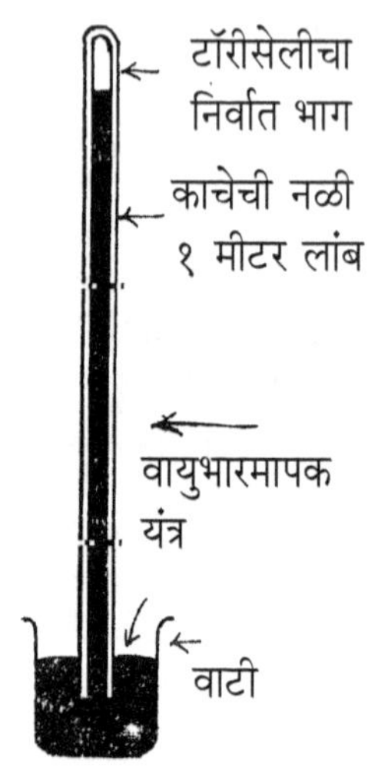

हे दाखवून दिले. वायुभारमापकामुळे हवेचा दाब व हवामान ह्याविषयी अंदाज करणे शक्य झाले. तसेच एखाद्या ठिकाणची समुद्रसपाटीपासूनची उंची अचूक मोजता येऊ लागली. वेधशाळेत हवामानाच्या अंदाजासाठी फॉर्टीनचा वायुभारमापक वापरतात.

३१३. वक्रनलिकेचे कार्य कसे चालते ?

एक भुजा आखूड व दुसरी भुजा लांब असलेली काचेची, रबराची किंवा प्लॅस्टिकची 'न्यू' आकाराची नळी म्हणजे वक्रनलिका (syphon) होय. तिचा वापर एका ठिकाणचा द्रव दुसऱ्या ठिकाणी तसेच उंचावरचा द्रव खाली आणण्यासाठी करता येतो. वक्रनलिकेचे कार्य हवेच्या दाबावर चालते. ते सुरू होण्यासाठी वक्रनलिका पाण्याने पूर्ण भरावी लागते किंवा संपूर्ण निर्वात करावी लागते. नंतर आखूड टोक द्रवाने भरलेल्या भांड्यात बुडवून लांब टोक उघडे केले की वरच्या भांड्यातील द्रव खालच्या भांड्यात पडू लागतो. वरचे भरलेले भांडे रिकामे होईपर्यंत ही क्रिया चालू राहते. वक्रनलिकेतील द्रव जास्त उंचीकडून कमी उंचीकडे तसेच जास्त दाबाकडून कमी दाबाकडे वाहतो. वक्रनलिकेचा उपयोग– टाकीतील पाणी काढणे, खंडीत कारंज्यात, वासुदेव पेल्यात, फ्लॅशच्या टाकीत केला जातो.

३१४. विमानात बसताना पेनातील शाई का काढतात ?

विमानातून प्रवास करताना प्रवाशांना फाऊंटन पेनातील शाई काढून टाकण्यास सांगितले जाते. कारण ज्या उंचीवर विमान उडत असते. त्या उंचीवर हवेचा दाब कमी असतो. पेनातील हवेचा दाब त्यामानाने जास्त असतो. विमान वर गेल्यावर पेनातील जास्त दाबाची हवा शाईला बाहेर लोटते. त्यामुळे कपडे खराब होण्याची शक्यता असते. म्हणून विमान वर जाण्यापूर्वी प्रवाशांना पेनातील शाई काढून टाकण्यास सांगितले जाते.

३१५. वीज घातक का असते ?

विजेच्या खुल्या तारेला स्पर्श झाल्यास शरीराला तीव्र झटका बसतो. कारण आपले शरीर विजेला प्रतिरोध करू शकत नाही. त्यामुळे विजेचा प्रवाह आपल्या शरीरातून जमिनीकडे वाहत जातो. त्यामुळे शरीरातील पेशी, नसा, स्नायू तप्त होतात. त्याचप्रमाणे स्नायू संकुचित होतात. हृदयाची गती अनियमित होते व श्वास घेण्यासही अडचण होते. या सर्वांचा परिणाम इतका घातक असतो की मनुष्याचा मृत्युदेखील होऊ शकतो. ओल्या शरीरावर विजेचा झटका किती तरी पटीने अधिक बसू शकतो.

३१६. वीज पडते म्हणजे काय होते ?

ढगातील वाफ हवेच्या प्रवाहामुळे घुसळली जाते. त्यामुळे या घर्षणापासून प्रचंड शक्तीशाली (लक्षावधी होल्ट्स्) विद्युत घनदाब निर्माण होतो. हा विद्युतदाब तसाच कायम राहू शकत नसल्याने तो ऋणभाराकडे अर्थात पृथ्वीकडे प्रचंड दाबाने व वेगाने धाव घेतो व एका प्रचंड ठिणगीच्या रूपाने पृथ्वीच्या कवचात शिरतो. या ठिणगीलाच आपण वीज पडली असे म्हणतो. त्या वेळी नेत्रदीपक प्रकाश, कडकडाट होऊन वीज जेथे पडते तेथे प्रचंड आघात होतो.

३१७. वटवाघळाच्या पंखाची रचना इतर पक्ष्यांच्या पंखाहून वेगळी कशी आहे ?

पक्ष्यांचे पंख हे अनेक पिसे जोडून तयार होतात. मात्र वटवाघळाच्या पंखात पिसे मुळीच नसतात. वटवाघळाचे हात, दंड, मागचे पाय, शेपूट यामुळे

पंखाची चौकट तयार होऊन कातडीच्या नाजुक पातळ पापुद्र्याने हे भाग जोडलेले असतात. अशा रितीने वटवाघळाचे पंख वेगळे असतात.

३१८. विजेची घंटा, विद्युत चुंबक यामध्ये पोलादी तुकडा न वापरता नरम लोखंडाचाच तुकडा का वापरतात ?

लोखंडाभोवती लपेटलेल्या तांब्याच्या वेष्टीत तारेच्या वेटोळ्यातून विद्युत प्रवाह सोडला असता लोखंडात चुंबकत्व निर्माण होते. विजेचा प्रवाह बंद करताच ते तात्काळ नाहीसे होते. पोलाद वापरले तर चुंबकत्व येऊ शकते परंतु विजप्रवाह बंद केल्यावरही त्याच्यात चुंबकत्वाचा काही अंश शिल्लक राहतो. ही गोष्ट यंत्राच्या दृष्टीने बरोबर नसते.

३१९. दृष्टीसातत्य म्हणजे काय?

एखाद्या वस्तूची प्रतिमा डोळ्याच्या दृष्टिपटलावर उमटली की तिची संवेदना $\frac{१}{१०}$ सेकंदपर्यंत मेंदूत कायम राहते. ही प्रतिमा नष्ट होण्याच्या अगोदर जर दुसरी प्रतिमा दृष्टिपटलावर उमटली तर दोघांची मिळून संयुक्त प्रतिमा दिसते. समजा, पहिली प्रतिमा पोपटाची आहे. ती नष्ट होण्याच्या अगोदर जर पिंजऱ्याची प्रतिमा उमटली तर 'पिंजऱ्यात बसलेला पोपट' अशी तिसरीच प्रतिमा डोळ्यात तयार होईल. ह्यालाच दृष्टीसातत्य म्हणतात. ह्याच कारणाने पेटलेली उदबत्ती अंधारात वेगाने फिरविली तर गोल वर्तुळ दिसते. ह्याच तत्त्वाचा उपयोग सिनेमा व दूरदर्शन संच यामध्ये केलेला असतो.

३२०. वीजवाहक तारा उन्हाळ्यात सैल का पडतात ?

हिवाळ्यात तंग असणाऱ्या वीजवाहक तारा ह्या उन्हाळ्यात सैल पडतात

कारण की ह्या तारा तांबे किंवा अल्युमिनीयम ह्या धातुंच्या बनलेल्या असतात. उन्हाळ्यात हवेचे तापमान खूप वाढते. वाढलेल्या तापमानामुळे ह्या धातुच्या तारा प्रसरण पावतात व त्यांची लांबी वाढते. दोन खांबातील अंतर मात्र कायम असते. त्यामुळे लांबी वाढलेल्या तारांना झोळ पडतो व त्या सैल होतात.

३२१. वनस्पतीमध्ये लैंगिक प्रजनन कसे होते ?

सपुष्प वनस्पतीत फुलांचा लैंगिक प्रजननात सहभाग असतो. पुमंग व जायांग हे फुलाचे महत्त्वाचे भाग आहेत. पुमंग हा नरघटक आहे. जायांग हा स्त्री घटक आहे. पुमंगातील परागकण जायांगाच्या कुक्षीवर पडल्यावर तेथे रूजतात व परागकणापासून निघालेली परागनलिका अंडाशयाच्या दिशेने वाढू लागते. याच वेळी परागनलिकेत पुंयुग्मके तयार होतात. पुंयुग्मक म्हणजे प्रजननात सहभाग घेणारी नरपेशी होय. कालांतराने त्याचा अंडाशयातील स्त्रीयुग्मकाशी संयोग होतो. स्त्रीयुग्मक म्हणजे प्रजननात सहभाग घेणारी मादीपेशी होय. पुंयुग्मक आणि स्त्रीयुग्मक यांच्या संयोगाला फलन म्हणतात. फलनातून एकपेशीय युग्मनज तयार होतात. त्याच्या विभाजन आणि वाढीतून बी व फळाची निर्मिती होते. बी जमिनीत रूजल्यावर नवीन वनस्पती तयार होते. या प्रजनन पद्धतीत पुंयुग्मक आणि स्त्रीयुग्मकाचा सहभाग असल्याने तिला लैंगिक प्रजनन म्हणतात.

३२२. एक (१) वातावरण दाब कशाला म्हणतात ?

समुद्रसपाटीवर हवादाबमापीच्या नळीतील पाऱ्याच्या स्तंभाची उंची ७६० मिलीमीटर अराते. ग्हणजेच समुद्रसपाटीवर हवेचा दाब ७६० मिलीमीटर पाऱ्याच्या स्तंभाच्या दाबाएवढा असतो. समुद्रसपाटीवरील हवेचा दाब प्रमाणदाब मानला जातो. त्यालाच एक (१) वातावरण दाब म्हणतात.

३२३. वातावरणाचा दाब कशाला म्हणतात ?

पृथ्वीच्या सभोवतालच्या हवेच्या आवरणाला पृथ्वीचे वातावरण म्हणतात. पृथ्वीच्या गुरुत्वाकर्षण बलामुळे हे वातावरण पृथ्वीशी बांधलेले असते. हवेला वजन असते. त्यामुळे हवा पृथ्वीच्या पृष्ठभागावर दाब निर्माण करते. पृथ्वीच्या सभोवतालच्या हवेच्या आवरणाने पृथ्वीच्या पृष्ठभागावर निर्माण केलेल्या दाबाला वातावरणाचा दाब म्हणतात.

३२४. वाढत्या लोकसंख्येमुळे निसर्गाच्या समतोलावर कोणते परिणाम होतात ?

लोकसंख्या व निसर्गाचा समतोल यांचा अतूट संबंध आहे. लोकसंख्येच्या बेसुमार वाढीमुळे अन्न, वस्त्र आणि निवारा या मानवाच्या मूलभूत गरजा पुरेपूर भागविणे रोजच्या रोज अधिकाधिक कठीण होत आहे. निवाऱ्यासाठी शेतजमिनीचा वापर होत असल्याने उपलब्ध शेतजमिनीतून अधिकाधिक उत्पन्न काढण्याच्या प्रयत्नात जमिनीवर खूप ताण पडत आहे. कारखानदारी वाढत आहे. त्यामुळे इंधनाचे साठे संपुष्टात आले आहेत. प्रदूषण वाढले आहे. शेतीखालील जमीन कमी झाल्याने रोजगार मिळविण्यासाठी ग्रामीण नागरिकांचा ओघ शहराकडे वाढत आहे. त्यामुळे नागरी जीवन कष्टाचे होत आहे. तेथील सुविधावर पडणारा ताण वाढतो आहे. रोगराई वाढत आहे. यामुळे लोकसंख्या आणि पर्यावरण यांच्यातील परस्पर संबंध ताणला जाऊन निसर्गाचा समतोल ढासळतो आहे.

३२५. वाळूवर उडी मारल्यास इजा होत नाही पण कठीण जमिनीवर उडी मारल्यास इजा का होते ?

वाळूवर उडी मारल्यास पायाद्वारे वाळूवर होणाऱ्या बलाच्या क्रियेमुळे वाळूचे कण थोडे फार विस्थापित होतात व त्यामुळे वाळूचे सर्वच कण एकाच वेळी प्रतिक्रियेचे बल एकाच दिशेने विस्थापित करू शकत नाहीत. या उलट कठीण जमिनीवर उडी मारली असता जमिनीतील कणाच्या सलगतेमुळे प्रतिक्रियेचे बल एकाच दिशेने कार्यान्वित होते व परिणामत: इजा होते.

३२६. वाळवंटात उंट का उपयोगी पडतो ?

उंटात वाळवंटातील जीवनासाठी समयोजित असणाऱ्या चार रचना आहेत (१) त्वचा जाड असल्यामुळे घामामुळे होणारा पाण्याचा ऱ्हास टाळता येतो. (२) डोळे, कान, नाकपुड्या वालुका धुळीपासून पूर्ण संरक्षित आहेत. (३) चालतांना पूर्ण पायाचा उपयोग होतो. (४) खूर तळव्यांनी आच्छादित असतात.

३२७. विजेच्या बल्बमध्ये कोणत्या धातूची तार बसविलेली असते ?

विजेच्या बल्बमध्ये टंगस्टन धातूची तार बसविलेली असते. कारण बल्बमधील तारेतून विजेचा प्रवाह वाहू लागल्यास ती तार प्रथम तापून लाल होते. नंतर

पांढरी शुभ्र होऊन तिच्यातून प्रकाश बाहेर पडू लागतो. ही तार इतर धातूची वापरली तर ती द्रवून तिची वाफ होईल. कारण इतर धातूचा द्रावणांक कमी असतो. टंगस्टन धातूचा द्रावणांक ३४००° सें. इतका असल्याने तारेचे तापमान त्या द्रावणांकापर्यंत पोचतच नाही. त्यामुळे ती तार बरेच दिवस टिकते. त्यामुळे बल्बचे आयुष्य वाढते.

३२८. वीजवाहक तारा तांब्याच्या किंवा अल्युमिनियमच्या का असतात ?

वीज वाहण्यासाठी तांबे व अल्युमिनीयम इतर धातूच्या मानाने जास्त सुवाहक आहे. तांबे महाग झाल्यामुळे आजकाल ॲल्युमिनियमच्या तारा वापरतात.

३२९. विद्युत चक्की (विद्युत मोटार) कशी असते ?

विद्युत जनित्राच्या अगदी उलट काम विद्युत चक्की करते. विद्युत जनित्रात यांत्रिक शक्तीचे रूपांतर विद्युत शक्तीमध्ये होते. विद्युत चक्कीत विद्युत शक्तीचे रूपांतर यांत्रिक शक्तीत केले जाते. दोन चुंबकाच्या मधील भागात विशिष्ट

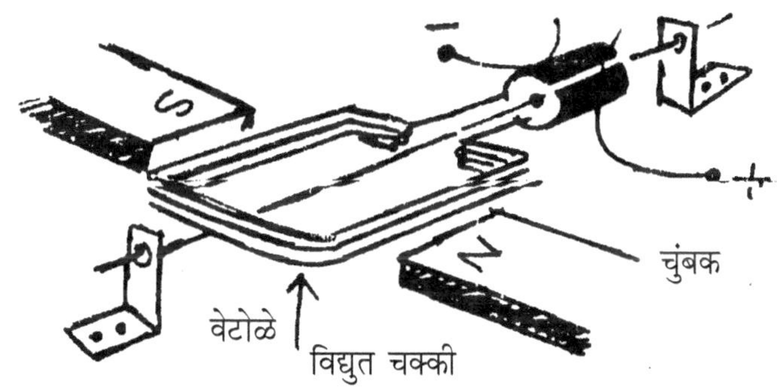

पद्धतीने गुंडाळलेले तांब्याच्या तारेचे वेटोळे ठेवलेले असते. ह्या वेटोळ्यात विद्युत प्रवाह सोडला तर ते वेटोळे जोराने फिरू लागते व यांत्रिक शक्ती तयार होते. ह्या शक्तीने पिठाची गिरणी, पाण्याचे पंप आणि इतर यंत्रे फिरविली जातात. विद्युत शक्तीचे यांत्रिक शक्तीत रूपांतर करणाऱ्या ह्या यंत्राला विद्युत चक्की किंवा विद्युत मोटार म्हणतात.

३३०. विजेच्या तारेला आपण स्पर्श केला तर आपणास शॉक लागतो पण विजेच्या तारेवर पक्षी बसतात त्यांना शॉक का लागत नाही ?

आपण जेव्हा जमिनीवर उभे असतो त्या वेळी आपल्या पायाचा स्पर्श जमिनीला झालेला असतो. हातात उघडी वीजवाहक तार धरली तर तो प्रवाह शरीरात घुसून जमिनीत वाहू लागतो व आपणास जोराचा झटका बसतो. पक्षी मात्र एकाच तारेवर बसतात व त्यांच्या शरीराचा कोणताच भाग जमिनीशी किंवा

इतर वस्तुशी टेकलेला नसतो. त्यामुळे त्यांच्या शरीरातून वीजप्रवाह वाहत नाही व त्यांना शॉक लागत नाही. या उलट वटवाघळे जेव्हा वरच्या तारेला लटकतात तेव्हा त्यांचा लोंबकळणारा भाग हवेने हलून खालच्या तारेला टेकला तर वरच्या तारेतील वीजप्रवाह त्यांच्या शरीरातून खालच्या तारेत वाहू लागतो. त्यामुळे सर्किट पूर्ण होऊन वटवाघूळ तारेला घट्ट चिकटते व गतप्राण होते.

३३१. वीज चमकताना गडगडाट का होतो ?

प्रसिद्ध शास्त्रज्ञ बेंजामिन फ्रँकलीन यांनी सर्व प्रथम सन १८७२ मध्ये वीज चमकण्याचे खरे कारण स्पष्ट केले. आकाशात ढग जमा झाले की त्यातील पाण्याचे हवेच्या सूक्ष्म कणांशी घर्षण होते व काही ढगांवर घनात्मक आवेश तर काहीवर ऋणात्मक आवेश तयार होतो. जेव्हा असे दोन ढग समोरासमोर येतात तेव्हा त्यांच्यामध्ये लाखो होल्टचे विभवांतर उत्पन्न होते. एवढ्या विभवांतरामुळे हवेतून विद्युतप्रवाह वाहू लागतो व प्रकाशाची एक रेषा उत्पन्न होते. तिलाच वीज चमकणे असे म्हणतात. विद्युत प्रवाहामुळे खूप उष्णता निर्माण होते. त्यामुळे हवा प्रसरण पावते. अचानक प्रसरणामुळे हवेचे अणू एकमेकांवर आपटतात. त्यातून मोठा गडगडाट तयार होतो. वीज चमकणे व गटगडाट होणे या दोन्ही गोष्टी एकाच वेळी घडतात; परंतु आपणास विजेची चमक आधी दिसते व नंतर गडगडाट ऐकू येतो. याचे कारण प्रकाशाचा वेग प्रति सेकंद ३,००,००० कि. मी.

आहे तर ध्वनिचा वेग प्रति सेकंद ३३३ मीटर आहे.

३३२. विद्युत विलेपन म्हणजे काय ? ते कशासाठी करतात ?

विद्युत अपघटन प्रक्रियेने एखाद्या वस्तुवर एखाद्या धातुचा पातळ मुलामा देण्याच्या प्रक्रियेला विद्युत विलेपन म्हणतात. विद्युत विलेपनामुळे विलेपित वस्तू आकर्षक दिसते व तिला गंज लागत नाही.

३३३. वर्णहीनता (Albinism-Albino = White) कशामुळे येते ?

वर्णहीन माणसे मेलॅनिन नावाचे रंगद्रव्य संश्लेषित करू शकत नाहीत. मेलॅनिनच्या प्रक्रियेत आवश्यक असणाऱ्या एका जनुकामध्ये उत्परिवर्तन झाल्याने हा दोष निर्माण होतो. अशा व्यक्तीमध्ये त्वचा, बुबुळे, पापण्याचे केस व शरीरावरील केस हे रंग विरहीत असतात. प्रखर सूर्यप्रकाशात त्यांच्या शरीरावर पुरळ येतात. त्यांच्या डोळ्यांना प्रकाशाचे तेज सहन होत नाही. तरी देखील अशा व्यक्ती सामान्य जीवन जगू शकतात.

३३४. वितळतार कशाला म्हणतात ?

वितळतारेला इंग्रजीत 'फ्युज' असेही म्हणतात. विद्युत उपकरणामध्ये प्रमाणाबाहेर विद्युत धारा जाऊन त्यांचे नुकसान होऊ नये म्हणून वितळतारेचा उपयोग केला जातो. वितळतार ही शिशासारख्या कमी द्रावणांक असलेल्या धातूची तार असते. या तारेतून एका ठराविक महत्तम मर्यादेपर्यंत विद्युत धारा जाऊ शकते. या मर्यादेपेक्षा अधिक मूल्य असलेली विद्युत धारा तारेतून जाऊ लागताच तारेमध्ये निर्माण होणाऱ्या उष्ण्यामुळे तार वितळते व परिपथ खंडीत होतो व विद्युत प्रवाह बंद पडतो. अशा प्रकारे विद्युत उपकरण सुरक्षित राहते.

३३५. वेगाने धावणारा घोडा एकदम थांबल्यास त्यावर बसलेला स्वार समोरच्या बाजूला जाऊन का आदळतो ?

वेगाने धावणाऱ्या घोड्याबरोबर घोडेस्वाराला देखील वेग प्राप्त झालेला असतो. घोडा एकदम थांबल्यास घोडेस्वाराच्या बैठकीचा भाग एकदम स्थिर होतो पण वरचा भाग गतिमानच असतो. त्यामुळे घोडेस्वार जडत्वाच्या नियमाने उचलला जाऊन समोर फेकला जातो.

३३६. विहिरीतून पाणी काढताना पाण्याने भरलेली बादली पाण्याबाहेर येताच जड का लागते ?

द्रव पदार्थात एखादा स्थायू पदार्थ बुडालेला असतो त्या वेळी त्यावर त्या द्रवाचे प्लावक बल वरच्या दिशेने कार्य करते. त्यामुळे स्थायूचे वजन कमी भरते. पाण्याने भरलेली बादली पाण्यात बुडालेली असताना तिच्यावर पाण्याचे प्लावक बल कार्य करते. म्हणून ती हलकी भासते; पण जेव्हा बादली पाण्याबाहेर येते त्यावेळी तिच्या वजनाच्या विरूद्ध दिशेने क्रिया करणाऱ्या प्लावक बलाच्या अभावी तिच्या वजनाएवढेच बल वर खेचण्यास लावावे लागते म्हणून ती जड भासते.

३३७. विद्युत चुंबक कशाला म्हणतात ?

एका नरम लोखंडाच्या दांड्यावर रोधक आवरण असलेल्या तांब्याच्या तारेचे (इनॅमल्ड वायर) बरेच वेढे देतात. तारेची मोकळी दोन टोके विद्युत घटाला जोडतात. तारेमधून विद्युत धारा वाहू लागते व लोखंडी दांड्यामध्ये

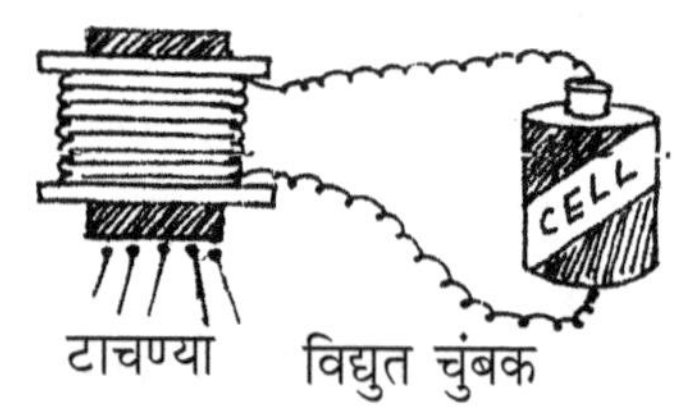

चुंबकत्व येते. हाच विद्युत चुंबक होय. ह्या विद्युत चुंबकाला लोखंडी वस्तू चिकटतात. ज्या क्षणी विद्युत धारा वाहणे बंद होते त्या क्षणी विद्युत चुंबकातील चुंबकत्व नष्ट होऊन चिकटलेल्या वस्तू खाली पडतात.

३३८. 'वृद्धदृष्टिता' कशाला म्हणतात ?

म्हाताऱ्या माणसाच्या डोळ्यातील समायोजन करणारे स्नायू वार्धक्यामुळे दुर्बल झाल्यामुळे त्यांना नेत्रभिंगाचा फुगीरपणा पुरेसा वाढवून जवळच्या वस्तू नीट दिसत नाहीत. या दृष्टिदोषाला 'वृद्धदृष्टिता' असे म्हणतात. बहिर्वक्र भिंगाचा चष्मा वापरून हा दोष टाळता येतो.

३३९. विद्युत वाहक तारेला एखादी व्यक्ती चिकटल्यास कोणती प्राथमिक उपाययोजना करावी लागते ?

एखादी व्यक्ती विद्युत वाहक तारेला चिकटली तर प्रथम विजेचे मुख्य बटन बंद करावे. त्या व्यक्तीला स्पर्श न करता विद्युत विरोधी पदार्थाने (लाकडाने)

तारेपासून दूर करावे. तसेच विजेचा तीव्र झटका बसलेल्या व्यक्तीला कृत्रिम श्वासोच्छ्वास देऊन श्वसनक्रिया चालू करावी.

३४०. विद्युत उपकरणे हाताळताना हात कोरडे का असावेत ?

साध्या पाण्यातून विद्युत धारा सुलभतेने जाऊ शकतात. त्यामुळे हात ओले असल्यास उपकरण हाताळताना त्यातील विद्युत धारा आपल्या शरीरात जाण्याचा व व त्यायोगे आपणास विजेचा धक्का बसण्याचा संभव असतो. म्हणून विद्युत उपकरण हाताळताना हात कोरडे असावेत.

३४१. वस्तुचे वजन पृथ्वीपेक्षा चंद्रावर कमी का भरते ?

वस्तुचे वजन म्हणजे तिच्यावर क्रिया करणारे गुरुत्व बल होय. चंद्रावरील वस्तुवर क्रिया करणारे चंद्राचे गुरुत्व बल पृथ्वीवर त्याच वस्तुवर क्रिया करणाऱ्या गुरुत्व बलापेक्षा बरेच कमी $\frac{1}{6}$ पट असते. म्हणून वस्तुचे चंद्रावरील वजन तिच्या पृथ्वीवरील वजनापेक्षा कमी भरते.

३४२. वस्तुचे वजन पृथ्वीच्या ध्रुवप्रदेशापेक्षा विषुववृत्तावर कमी का भरते ?

वस्तुचे वजन म्हणजे तिच्यावर क्रिया करणारे पृथ्वीचे गुरुत्व बल होय. पृथ्वी ही पूर्णपणे गोलाकार नसून ती दोन्ही ध्रुवाजवळ चपटी आहे. तिची विषुववृत्तापाशी असलेली त्रिज्या ध्रुवापाशी असलेल्या त्रिज्येपेक्षा जास्त आहे. एखाद्या स्थानी असलेल्या वस्तुवरील पृथ्वीचे गुरुत्व बल, ते स्थान व पृथ्वीचे केंद्र यामधील अंतराच्या वर्गाशी व्यस्तानुपाती असते. म्हणून वस्तुचे वजन ध्रुव प्रदेशापेक्षा विषुववृत्तावर कमी भरते.

३४३. वाळवंटात दिवसा जास्त उष्ण व रात्री जास्त थंड का वाटते ?

वाळवंटात सगळीकडे वाळूच वाळू असते. सूर्याच्या उष्णतेने दिवसा वाळू खूप तापते. त्यामुळे दिवसा वाळवंटाचे तापमान खूप उष्ण असते. रात्री हीच वाळू थंड होते व त्यामुळे रात्री खूप थंडी वाजते. कारण एखादा पदार्थ जितका लवकर गरम होतो तितकाच लवकर थंड होत असतो.

३४४. विद्युत परिपथ म्हणजे काय ?

विद्युत-परिपथाला इंग्रजीत 'सर्किट' असे म्हणतात. विद्युत तयार करणारे किंवा ज्यांच्यापासून आपणांस विद्युत उपलब्ध होते. त्यांना आपण स्रोत म्हणू. उदा., डायनामो, सौरघट, टॉर्चसेल, इ. हा स्रोत आहेत. अशा स्रोतांपासून विद्युत निघते व तारेच्या साहाय्याने कार्य करून घेणाऱ्या यंत्रात (उदा., बल्ब, मोटार, विद्युत चुंबक, इ.) घुसते. त्या यंत्रातून विद्युत-प्रवाह परत स्रोताकडे येतो व विद्युत-परिपथ पूर्ण होतो. विद्युत-परिपथ पूर्ण झाल्यावरच ते यंत्र सुरू होते.

उदा., बल्ब प्रकाशतो, मोटार फिरू लागते, विद्युत-चुंबकात चुंबकत्व निर्माण होते.

पुस्तकातील आकृतीत बटनाजवळ विद्युत-परिपथ खंडित झाला आहे. तो जोडल्याशिवाय बल्ब प्रकाशणार नाही. व बल्ब दाखविला आहे. सेलमधून

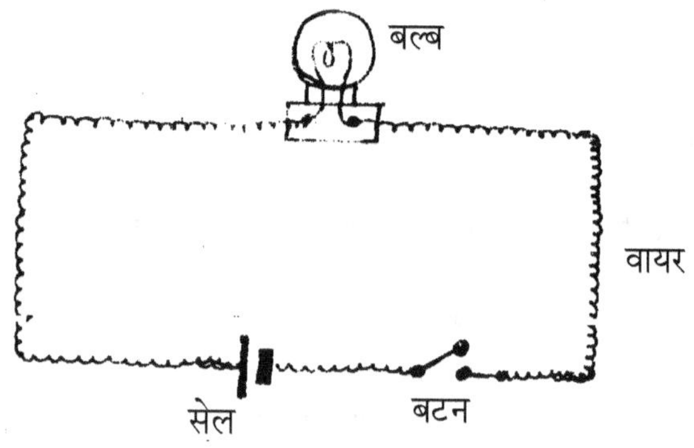

वीजप्रवाह निघून प्रथम बटनात येतो. बटनातून बल्बमध्ये जातो. बल्बमधून निघून परत सेलमध्ये येतो. तेव्हा बल्ब प्रकाशतो. यालाच विद्युत परिपथ किंवा विद्युत मंडल म्हणतात.

३४५. विद्युत उपकरणे हाताळताना रबरी हातमोजे व रबरी बूट का वापरतात ?

विद्युत उपकरणे हाताळताना किंवा दुरूस्त करताना विद्युतभारित तारेला उघड्या हाताचा स्पर्श झाला तर जोराचा शॉक लागतो. रबर हे विद्युत रोधक असते. रबराचे हातमोजे घालून काम केले आणि चुकून विद्युतभारित तारेला हातात घेतले तर शॉक लागत नाही. तसेच पायात रबरी बूट असल्याने शरीराचा

जमिनीशी संपर्क राहत नाही. त्यामुळे विजेची तार शरीराला चिकटून राहत नाही व शॉकसुद्धा लागत नाही.

३४६. वटवाघूळ अंधाऱ्या रात्रीसुद्धा मार्ग कसा शोधते ?

वटवाघुळांना रात्री दिसत नाही. तरीसुद्धा ती सहज कशालाही टक्कर न मारता उडू शकतात. ती उडत असताना श्राव्यातील ध्वनिच्या लहरी हवेत सोडतात. ह्या ध्वनिलहरी समोरच्या वस्तुवर आदळून परत वटवाघुळाकडे

येतात. त्या ऐकून समोर कोणता अडथळा आहे ह्याचे ज्ञान त्याला होते. उडताना तो अडथळा टाळता येतो. त्यामुळे न अडखळता अंधारातसुद्धा वटवाघूळ उडू शकते. रडार नावाचे यंत्र ज्याप्रमाणे कार्य करते तशीच क्रिया वटवाघुळामुळे घडून येते.

३४७. उन्हाळ्यात गर्द कपड्यांपेक्षा पांढरे कपडे घालणे चांगले का असते?

आपले कपडे गर्द किंवा पांढऱ्या रंगाचे असतात. गर्द रंग उष्णता शोषून घेणारा रंग आहे. पांढरा रंग मात्र उष्णता व प्रकाश यांना दूर लोटणारा रंग आहे. गर्द रंगाचे कपडे जर उन्हाळ्यात घातले तर उष्णता असह्य होईल. पांढरे कपडे जास्त गरम होत नसल्याने ते घालून उन्हात वावरले तरी त्रास होत नाही.

३४८. शीतकपाटाचे (Refrigerator) कार्य कसे चालते ?

वातावरणाच्या तापमानापेक्षा कमी तापमान कृत्रिम रितीने तयार करून त्या

द्वारा पदार्थ अधिक काळ ताजे रहावेत म्हणून शीतकपाट उपयुक्त ठरते. त्यात फ्रिऑन वायू द्रव किंवा बर्फाच्या स्वरुपात वापरतात. पदार्थाच्या उष्णतेमुळे त्या वायूची वाफ होते व त्यासाठी ते शीतकपाटातील वातावरणाची उष्णता वापरतात. त्यामुळे शीतपेटीच्या आत थंडी निर्माण होते. वायुरूप झालेले वायू अतिशय जोराने दाबून त्यातील उष्णता काढून घेतली की वायूचे पुन्हा द्रव होते व द्रवरूप वायू शीतकपाटातील नळ्यातून खेळता राहतो व बाष्परूप होत राहतो. ही चक्री क्रिया चालू राहिल्याने शीतकपाटातील तापमान खूप कमी होते. वायूवर दाब देण्याचे कार्य विद्युतसाधनेद्वारे केले जाते. शीतकपाटातील तापमानात जंतू निष्क्रीय राहत असल्याने ते पदार्थ नासवू शकत नाहीत. आतील थंडावा बाहेर जाऊ नये म्हणून उष्णतेचे पफसारखे अवाहक पदार्थ सांगाड्यात वापरतात.

३४९. 'Still it revolves' (अजून ती फिरतेच आहे.) हे वाक्य कोणत्या शास्त्रज्ञाच्या तोंडून बाहेर पडले ?

इ. स. १६३० मध्ये इटलीतील महान शास्त्रज्ञ व गणिती गॅलिलिओ गॅलिली याने स्वतः दुर्बिण तयार करून सूर्याचे निरीक्षण केले व असे सिद्ध केले की सूर्य स्थिर असून त्याच्याभोवती पृथ्वी व इतर ग्रह फिरतात पण हे म्हणणे त्यावेळच्या धर्मशास्त्राविरुद्ध होते त्यामुळे धर्मसत्तेने त्याचा खूप छळ केला व सत्तरीच्या घरात असलेल्या गॅलिलिओकडून गुडघे टेकवून माफीपत्र लिहून घेतले. ह्या पत्रात त्याने नाईलाजाने लिहून दिले की, 'पृथ्वी स्थिर आहे व सूर्य तिच्याभोवती फिरतो.' त्याच्या मनाविरुद्ध ही गोष्ट झाली होती. म्हणून तो उठता उठता मनाशीच पुटपुटला की, 'मी जरी तसे लिहून दिले तरी पण ती (पृथ्वी) अजून फिरतेच आहे.' (Still it revolves)

३५०. शरीरातील हाडाच्या सांध्याचे प्रकार कोणते आहेत ?

शरीरातील हाडाच्या सांध्याचे चार प्रकार आहेत. १) बिजागिरीचा सांधा २) उखळीचा सांधा ३) खिळीचा सांधा ४) सरकता सांधा.

i) ज्या सांध्याची हालचाल खिडकीच्या किंवा दाराच्या बिजागिरीप्रमाणे होते त्या सांध्याला बिजागिरीचा सांधा म्हणतात. हे सांधे गुडघ्यात, हाताच्या कोपरात असतात.

ii) ज्या सांध्याची हालचाल चारही दिशेने होते त्याला उखळीचा सांधा म्हणतात. हे सांधे खांदे व जांघेत असतात.

iii) खिळीचा सांधा डोक्याच्या कवटीच्या खालच्या भागात असतो त्यामुळे आपली मान डावीकडे, उजवीकडे फिरविता येते.

iv) सरकता सांधा पायाच्या, हाताच्या पंजात असतो. ती हाडे थोडी फार एकमेकावर सरकू शकतात. म्हणून त्याला सरकता सांधा म्हणतात.

३५१. शिंका का येतात ?

शिंका येणे ही 'अनियंत्रित प्रतिक्षिप्त क्रिया' आहे. श्वसन मार्गातील त्वचेचा दाह झाल्यामुळे शिंका येतात. रोगजंतू किंवा कोणत्याही प्रकारचे अपायकारक घटक जेव्हा श्वसनमार्गे शरीरात प्रवेश करू इच्छितात त्यावेळी ह्या प्रतिक्षिप्त क्रियेमुळे ते बाहेर फेकले जातात.

३५२. शुद्ध सोने कसे ओळखतात ?

सोन्याचा दागिना भट्टीत घालून तापवितात. तो जर शुद्ध सोन्याचा असेल तर त्यावर काहीच परिणाम होत नाही. त्या सोन्यात जर तांबे मिसळलेले असेल तर ते काळवंडते. कारण तांबे गरम केले की काळे पडते. कारण त्याचा ऑक्साईड तयार होतो. ह्या तांब्याच्या ऑक्साईडचा रंग काळा असतो. सोन्यात जर चांदी मिसळलेली असेल तर त्याचा रंग पांढुरका होतो. कधी कधी कसोटीच्या काळ्या दगडावर सोने घासून त्याची रेघ उमटवितात. रेघेच्या पिवळेपणावरून सोन्याचा शुद्धपणा कळून येतो.

३५३. शरीरातील रक्त शोषत असताना जळू शरीराला चिकटलेली असते तरी तिचा संबंधित व्यक्तीला त्रास का होत नाही ?

जळू आपल्या शरीरात तिचे डोके खुपसून रक्त प्राशन करते पण त्या प्राण्याला किंवा माणसाला अजिबात त्रास होत नाही. जळू हा पाण्यात राहणारा प्राणी आहे. पाण्यात माणसाचा पाय पडला की जळू त्याला चिकटते व भोक पाडून रक्त पिणे सुरू करते. त्याच वेळी ती आपल्या तोंडावाटे विशिष्ट प्रकारचा द्रव जखमेच्या ठिकाणी सोडते. त्यामुळे रक्त पातळ व प्रवाही बनते. त्यामुळे रक्तशोषण चालू असताना संबंधित व्यक्तीला तिचा अजिबात त्रास होत नाही.

३५४. शरीरातील शिरा निळ्या किंवा हिरव्या का दिसतात ?

फुप्फुसात रक्त शुद्ध होण्याची क्रिया घडते. त्यावेळी हवेतील ऑक्सिजन ग्रहण केल्यामुळे रक्ताचा रंग लालभडक होतो. हे रक्त धमन्यातून शरीराच्या इतर भागाकडे पाठविले जाते. हे रक्त ऑक्सिजनचा पुरवठा करीत पुढे पुढे जाते व अशुद्ध बनते. अशुद्ध रक्ताचा रंग निळसर, जांभळट असतो. हे रक्त शुद्ध होण्यासाठी परत हृदयाकडे येऊ लागते पण त्याला जोर नसतो. म्हणून शिरेमध्ये झडपांची व्यवस्था असते. ह्या शिरा त्वचेच्या खाली असतात. त्यामुळे बाहेरून त्यांचा रंग निळा किंवा हिरवा दिसतो.

३५५. शिंक आल्यावर डोळे का मिटतात ?

नाकाच्या पातळ त्वचेशी निगडित असलेल्या नसा व डोळ्याशी निगडित असलेल्या नसा परस्परांशी संबंधित असतात. त्यामुळे डोळ्यावर प्रखर प्रकाश पडल्यास नाकाच्या पातळ त्वचेशी निगडित नसाही उत्तेजित होतात व शिंका येतात. जेव्हा एखादी व्यक्ती शिंकते तेव्हा हवा तासी १६० कि. मी. वेगाने नाकातून बाहेर पडते. त्यामुळे संपूर्ण शरीराला हादरा बसतो. या हादऱ्यामुळे डोळ्याशी निगडित असलेल्या नसा उत्तेजित होतात व ताण कमी करण्यासाठी पापण्या मिटल्या जातात.

३५६. शुध्द पाण्यात अंडे टाकले तर ते पाण्यात बुडते पण त्याच पाण्यात थोडे मीठ टाकले तर ते पाण्यावर का तरंगते ?

या घटनेमागील तत्व असे आहे की कमी घनतेच्या द्रवात जास्त घनता असलेल्या वस्तू बुडतात. या उलट जास्त घनतेच्या द्रवात कमी घनतेच्या वस्तू तरंगतात. शुध्द पाण्याची घनता अंड्याच्या घनतेपेक्षा कमी असल्याने ते अंडे शुध्द पाण्यात बुडते; पण त्याच पाण्यात मीठ टाकले असता पाण्याची घनता अंड्याच्या घनतेपेक्षा जास्त होते व ते अंडे खाऱ्या पाण्यावर तरंगू लागते.

३५७. शिरामधील रक्त नेहमी हृदयाच्याच दिशेने का वाहते ?

शिरामध्ये अंतराअंतरावर झडपा असतात. ह्या झडपा फक्त हृदयाच्या दिशेने उघडतात. त्यामुळे शिरामधील रक्तप्रवाह एकमार्गी म्हणजे हृदयाच्या दिशेने वाहतो.

३५८. शाई भरण्याचे ड्रॉपर कोणत्या तत्त्वावर काम करते ?

शाई भरण्याच्या ड्रॉपरमध्ये एक काचेची बारीक टोक असलेली नळी असते. तिच्या रूंद तोंडात एक रबरी किंवा प्लॅस्टिकचा फुगा बसविलेला असतो. हा फुगा दाबला की दबतो व सोडला की फुगतो. शाई भरण्याच्या वेळी हा फुगा दाबतात. त्यामुळे नळीतील हवा नळीबाहेर निघून जाते. फुगा दाबलेलाच ठेवून नळी दौतीतील शाईत बुडवितात व फुगा सैल सोडतात. त्यामुळे नळीतील हवेचा दाब बाहेरील हवेच्या दाबापेक्षा कमी असल्याने शाई नळीत ढकलली जाते. जितक्या आकारमानाची हवा बाहेर गेली होती तेवढ्याच आकारमानाची शाई नळीत येते. नळी उचलून तिचे तोंड पेनमध्ये घालतात व फुगा दाबतात. नळीतील शाईवरील हवेचा दाब वाढल्याने शाई पेनमध्ये ढकलली जाते. हे ड्रॉपर हवेच्या दाबावर काम करते.

ड्रॉपर

३५९. शॉर्ट सर्किटमुळे आग लागली असता ती विझविण्यासाठी पाण्याचा उपयोग का करीत नाहीत ?

विजेच्या दोन तारा एकमेकांना चिकटल्याने शॉर्ट सर्किट होते व त्या ठिकाणी जाळ होतो. हा जाळ विझविण्यासाठी पाणी फेकू नये कारण पाणी वीजवाहक आहे. त्यामुळे विजेचा प्रवाह पाण्यात घुसेल व ज्या लोकांचा पाण्याला स्पर्श होईल त्यांना शॉक बसेल. शॉर्ट सर्किटची आग विझविण्यासाठी प्रथम मुख्य बटन (मेन स्वीच) बंद करावे. लागलेल्या आगीवर वाळू फेकावी किंवा कार्बन-डाय-ऑक्साईडचा फवारा सोडावा.

३६०. शीत प्रदेशात थंडीने जलाशयाचे पाणी गोठले तरी त्यातील जलचर जिवंत कसे राहतात ?

ध्रुवाजवळच्या समुद्रात थंडीमुळे पाण्याचे बर्फ होते हे आपणास माहीत आहे; पण त्याच्या अगोदर जलाशयात काय घडते याची माहिती असावयास हवी. थंडीमुळे पाण्याचे तापमान कमी कमी होत जाते व ते जड होते व त्याची घनता वाढते. त्यामुळे जड पाणी खाली जमा होत राहते. घनता जास्त होण्याची ही क्रिया पाण्याचे तापमान ४ अंश सें. होईपर्यंत चालू राहते. ४ अंश सें. वर पाण्याची घनता महत्तम असते. ४ अंश सें. च्या खाली तापमान उतरले की

पाण्याचे बर्फात रूपांतर होऊ लागते. बर्फाची घनता पाण्याच्या घनतेपेक्षा कमी असल्याने ते पाण्यावर तरंगू लागते. अशा प्रकारे बर्फाचा कितीही जाड थर जलाशयावर तयार झाला तरीही ह्या थराखाली ४ अंश सें. तापमानाचे पाणी कायम असते व त्या पाण्यात बर्फाखाली जलचर प्राणी जिवंत राहतात.

३६१. साधी यंत्रे कशाला म्हणतात ?

कमी वेळात अधिक काम व्हावे, कठीण काम सोपे होऊन श्रम कमी व्हावेत म्हणून जी साधने वापरतात त्यांना साधी यंत्रे असे म्हणतात. त्यांची नावे पुढे दिली आहेत. (१) उतरण (२) कप्पी (३) तरफ (४) चाक.

i) **उतरण :** एखादी वस्तू खालून उचलून वरच्या ठिकाणी ठेवण्यासाठी एखादी फळी तिरपी ठेवून तिच्यावरून वस्तू ढकलत ढकलत वरच्या ठिकाणी कमी श्रमात ठेवता येते. त्या तिरप्या फळीला उतरण म्हणतात.

ii) **कप्पी :** एका खिळ्यात खोबण असलेले चाक बसविले की कप्पी तयार होते. चाकाच्या खोबणीत दोरी बसवून दोरीच्या एका टोकाला वजन व दुसऱ्या टोकाला शक्ती लावतात. कप्प्यांची संख्या जेवढी जास्त तेवढे कमी बल लावावे लागते. अवजड सामान उचलणाऱ्या याऱ्यामध्ये (क्रेन) शेकडो कप्प्या वापरलेल्या असतात. त्यामुळे कमी बल लावून जास्त वजन वर उचलता येते.

iii) **तरफ :** आधाराभोवती हलणाऱ्या व न वाकणाऱ्या दांड्याला तरफ म्हणतात. तरफेला योग्य ठिकाणी आधार घ्यावा लागतो त्याला टेकू म्हणतात. मोठमोठे दगड, मोठमोठे लाकडी ओंडके हलवून दुसऱ्या ठिकाणी नेण्यासाठी पहारीचा उपयोग करतात. ही पहार म्हणजे तरफच होय.

iv) **चाक :** एका स्थिर बिंदूभोवती फिरणाऱ्या वर्तुळाकार वस्तुला चाक म्हणतात. चाकामुळे गाडीतून खूप सामान कमी श्रमात एका ठिकाणाहून दुसऱ्या ठिकाणी नेता येते. प्रत्येक यंत्रात, वाहनात चाकाचा उपयोग केला जातो.

३६२) साबण कसा तयार करतात ? त्याचे प्रकार व उपयोग कोणते ?

तेलकट घाण काढून टाकण्यासाठी साबण वापरतात. साबणाचे रासायनिक नाव 'सोडियम किंवा पोटॅशियम ग्लिसरेट' असे आहे. वनस्पतीजन्य तेलात कॉस्टिक सोडा किंवा कॉस्टिक पोटॅशचा द्राव मिसळून ते द्रावण तापवितात. मग साबण तयार होतो. त्यात थोडेसे मीठ टाकून तयार झालेला साबण वेगळा काढतात व त्याच्या वड्या पाडतात. साबणाचे तीन प्रकार आहेत.

i) कठीण साबण : हा साबण कपडे धुण्यासाठी वापरतात. ह्यात कॉस्टिक सोडा वापरलेला असतो.

ii) मृदू साबण : हा अंग धुण्यासाठी वापरतात. त्यात कॉस्टिक पोटॅश वापरलेले असल्याने अंगाची आग होत नाही.

iii) पारदर्शक साबण : अंगाचा साधा साबण अल्कोहोलमध्ये विरघळून ते मिश्रण गाळण कागदातून गाळले की कागदावर पारदर्शक साबण उरतो. अतिशय उच्च दर्जाचे साबण तयार करताना त्यात रेझिन मिसळतात. दाढी करण्याच्या साबणात डिंक व ग्लिसरिन असते. जंतुनाशक साबणात कार्बालिक आम्लाचा वापर केलेला असतो. साबणात रंग, अत्तरे, सुगंधी द्रव्याबरोबर आता जीवनसत्त्वेही मिसळता येतात. द्रवरूप साबणसुद्धा तयार केला गेला आहे.

३६३. सापाच्या विषाचा माणसाच्या शरीरावर काय परिणाम होतो ?

विषारी सापाच्या विषाचे दोन प्रकार असतात. एकामुळे माणसाच्या मज्जासंस्थेवर परिणाम होतो व दुसऱ्यामुळे रक्ताभिसरण संस्थेवर परिणाम होतो. घोणस, फुरसे, हिरवा घोणस यांचे विष माणसाच्या रक्ताभिसरण संस्थेवर परिणाम करणारे असते; परंतु नाग, मण्यार व समुद्रसर्प यांच्या विषाने मज्जासंस्थेस आघात पोचतो.

रक्ताभिसरण संस्थेवर परिणाम करणाऱ्या सर्पविषामुळे दंशाची जागा सुजते; असह्य वेदना होतात. जखमेची जागा चिघळून त्यातून रक्त वाहण्यास सुरुवात होते. विष शरीरात जेथे पसरते तेथे रक्ताच्या गुठळ्या तयार होतात. तसेच नाक, तोंड, कान, डोळे, त्वचा आदीतून रक्तस्राव सुरू होतो. मुख्य रोहिणीच्या मार्गातून हे विष हृदयात जाताना मध्येच रक्ताची गुठळी तयार होते. त्यामुळे हृदयाचा रक्तपुरवठा खंडित होऊन माणूस मृत्युमुखी पडतो.

मज्जासंस्थेवर परिणाम करणाऱ्या विषामुळे दंश झालेली जागा हुळहुळी बनते आणि असह्य वेदना सुरू होतात. हात, पाय व इतर अवयव कापू लागतात. नाडी मंदावते आणि हृदयाचे ठोकेही मंदावतात. काही वेळा मनुष्य

कोमात जाऊन त्याचा मृत्यू होतो.

३६४. समईत तेल असेपर्यंत समईतील कापसाची वात का जळत नाही ?

कापूस तसा ज्वलनशील पदार्थ आहे परंतु त्याची वात करून आपण समईत ठेवतो व त्यावर इंधन म्हणून तेल अथवा तूप घालतो. वातीतील कापसाचे तंतू तेल शोषतात व तिला आपण पेटविल्यावर वातीचे टोक पेटते पण खरे म्हणजे वातीच्या टोकावर असणारे तेल पेटते. ते संपल्यावर त्याला वातीतून तेलाचा पुरवठा होत राहतो. जोपर्यंत समईत तेल आहे तोवर तेलच जळत राहते व कापसाच्या तंतुशी अग्निचा संबंधच येत नाही. म्हणून कापसाचे तंतू जळत नाहीत. ते फक्त ज्योतीला तेल पुरविणारे माध्यम म्हणून काम करतात पण जेव्हा समईतील तेल संपते तेव्हा मात्र वात अवश्य जळते व एक प्रकारचा विशिष्ट वास आपणास येतो.

३६५. सायकलच्या पंपाने हवा भरतेवेळी पंप का गरम होतो ?

जेव्हा आपण सायकलच्या पंपाने चाकात हवा भरतो त्या वेळी पंपातील चामड्याची चकती (वॉशर) अनेक वेळा खाली-वर होते. त्या वेळी चकती व पंपातील धातुचे सिलेंडर यांचे घर्षण होते. या घर्षणामुळे धातुतील अणुरेणूची कंपनगती वाढते व परिणामी धातुतील अंतर्गत ऊर्जा वाढते व त्या ऊर्जेचा परिणाम म्हणून पंप गरम होतो.

३६६. श्रवणातील ध्वनी कशाला म्हणतात ?

सेकंदाला २०,००० पेक्षा जास्त कंपनसंख्या असणाऱ्या ध्वनिला 'श्रवणातीत ध्वनी' असे म्हणतात.

३६७. संहत सल्फ्युरिक आम्लात पाणी ओतणे का धोक्याचे आहे ?

सल्फ्युरिक आम्ल पाण्यापेक्षा जड असते. त्यामुळे आम्लात पाणी ओतले असता ते आम्लावर तरंगते. त्याच वेळी आम्ल पाण्यात विरघळताना खूप उष्णता निर्माण होते. प्रसंगी त्या उष्णतेने आम्लावरील पाणी उकळू लागून पाण्याची वाफ वर येऊन तिच्यापासून धोका निर्माण होण्याचा संभव असतो. हे टाळण्यासाठी चंचुपात्रात पाणी घेऊन त्यात सावकाश सल्फ्युरिक आम्ल ओतावे.

म्हणजे आम्ल विरळ होताना धोका होण्याची शक्यता राहत नाही.

३६८. सूर्यास्त झाल्यानंतरही काही काळ सूर्य पश्चिम क्षितीजावर का दिसतो ?

सूर्याकडून आलेले प्रकाशकिरण आपल्या डोळ्यात गेले असता सूर्य दिसतो. पृथ्वीभोवती सुमारे ३०० कि.मी. जाडीचे वातावरण आहे. त्यामुळे सूर्यकिरण हे अवकाशातून जेव्हा वातावरणात प्रवेश करतात तेव्हा त्यांचे अपवर्तन होऊन

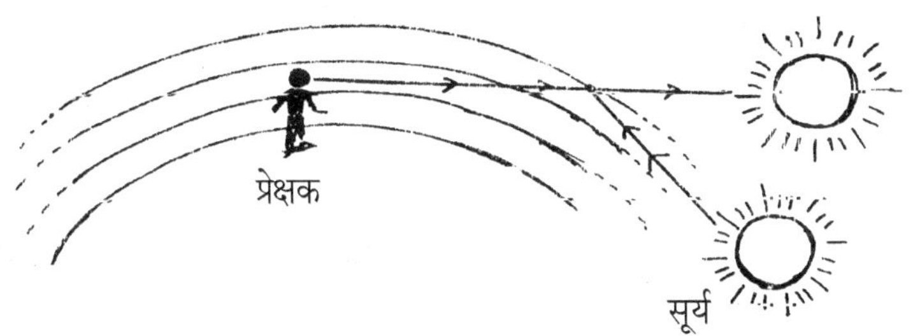

प्रकाशकिरण स्तंभिकेजवळ झुकतात. अशा वेळी सूर्य क्षितीजाखाली असला तरी त्याचे किरण अपवर्तनाने आपल्यापर्यंत पोहोचल्याने तो क्षितीजावर असल्याचा भास होतो. म्हणून सूर्योदयापूर्वी व सूर्यास्तानंतरही काही काळ सूर्य आपणास क्षितीजावर दिसतो.

३६९. सूर्योदय आणि सूर्यास्ताच्या वेळी सूर्याचा आकार मोठा का दिसतो ?

सूर्याचा आकार जेवढा आहे तेवढाच तो असतो. पृथ्वीच्या पृष्ठभागावरील वातावरणामुळे धुलीकणाच्या माध्यमातून सूर्याचा प्रकाश आपल्यापर्यंत येऊन पोचतो. सूर्य डोक्यावर असताना त्यापासून निघालेली किरणे सरळ रेषेत येतात आणि सूर्याच्या आकारात काही फरक पडत नाही; परंतु तो क्षितीजावर गेल्यावर सूर्यकिरणांना वातावरणाच्या दाट माध्यमातून यावे लागल्याने त्यांचे अपवर्तन होते आणि सूर्याचा आकार मोठा झाल्याचा भास होतो.

३७०. सेल्सिअस तापमान म्हणजे काय ?

आपण ज्याला सेंटीग्रेड तापमापक म्हणतो त्याचा निर्माता सेल्सिअस आहे. १९४८ साली भरलेल्या आंतरराष्ट्रीय वजनमाप परिषदेने यापुढे सेंटीग्रेड न

म्हणता सेल्सिअस असे म्हणावे असे ठरविले. यापुढे ४०° सें. याचा अर्थ ४०° सेल्सिअस असा केला जाईल.

३७१. सापेक्षता सिद्धांत कोणी शोधून काढला ?

सापेक्षता सिद्धांत अल्बर्ट आईनस्टॉईन या शास्त्रज्ञाने लावला. $E = MC^2$ हे त्यातील प्रधान सूत्र. E म्हणजे एनर्जी; M म्हणजे वस्तुमान, C म्हणजे प्रकाशाचा वेग. पदार्थाचे ऊर्जेत रूपांतर कसे करावयाचे हा जगातल्या अनेक शास्त्रज्ञापुढे प्रश्न होता. त्याला या समीकरणाने उत्तर दिले. ऑईनस्टाईन यांची ही संकल्पना स्पष्ट शब्दात मांडण्यात आजवर कोणालाही यश आले नाही. फार थोड्या शास्त्रज्ञांना या सिद्धाताचे परिणाम त्यांच्या त्यांच्या क्षेत्रात दिसले आहेत पण संपूर्ण सिद्धांताचे आकलन कोणालाच झाले नाही. अणुऊर्जेच्या विध्वंसक आणि विधायक दोन्ही प्रकारचा उपयोग जो आज केला जातो त्यावरून त्यांचे हे समीकरण पूर्ण बरोबर आहे हे सिद्ध झाले आहे.

३७२. समुद्रात शेती करता येईल काय ?

भारतात हिंदी महासागर आणि अरबी समुद्राच्या किनारपट्टीच्या भागात राहणारे लोक उथळ पाण्यात नौका शेती पिढ्यान्पिढ्या करत आहेत. त्यापासून प्रेरणा घेऊन अमेरिकी शेती तज्ज्ञांनी पॅसिफिक महासागरातील नीरू नामक एका बेटाच्या आसपासच्या भागात नौका शेतीस प्रारंभ केला आहे. त्यांच्या योजनेनुसार समुद्रावर एक विशाल फार्म हाऊस बनविण्यात येणार आहे. अशा प्रकारचा हा पहिलाच प्रयत्न असेल. प्राचीन काळी नावाड्यांचा असा समज होता की गवताच्या तावडीत सापडणाऱ्या जहाजाचे प्रचंड नुकसान होते. हे गवत मानवी जीवनाच्या उपयोगी नाही. तरी देखील नौका शेतीमुळे शास्त्रज्ञांच्या आशा पल्लवित झाल्या आहेत कारण हेच गवत नौकाशेती करण्यासाठी उपयोगी पडणार आहे.

३७३. स्त्रियांचा आवाज गोड का असतो ?

वयाच्या साधारण ११ ते १२ वर्षापर्यंत मुले व मुली यांच्या आवाजात विशेष फरक नसतो. दोघांचाही आवाज कोमल व मधुर असतो. त्यानंतर मुलांचा आवाज घोगरा व गंभीर होत जातो कारण 'टेस्टेस्टेरॉन' हे संप्रेरक जे फक्त मुलांमध्येच तयार होते; त्यामुळे स्वरयंत्राच्या स्नायुच्या लांबी व जाडीमध्ये फरक होतो. हे संप्रेरक मुलीमध्ये तयार होत नसल्याने त्यांच्या आवाजात फरक पडत नाही.

३७४. स्फूरदिप्तीक पदार्थ रात्री का चमकतात ?

दिप्तीमान पदार्थ त्यांच्या वर्णपटाच्या खास क्षेत्रात प्रकाश शोषण करतात आणि प्रकाश बाहेर टाकतात. रंग द्रव्याच्या रेणूमध्ये इलेक्ट्रॉनिक्स प्रक्रियेचा परिणाम होतो. त्यामुळे अतिनील किरणही दृष्यमान निळ्या रंगात परावर्तित करता येतात. अलीकडे अशा रंगाचा आणि रंगद्रव्याचा जाहिरातीमध्ये वापर करण्याचे प्रमाण वाढले आहे. हे पदार्थ पिवळा फॉस्फरस, झिंक सल्फाईड, स्ट्रांशियम ब्रोमेट, ल्युमिनाल असे आहेत.

३७५. सहारा वाळवंटातील उंट आठ-दहा दिवसपर्यंत अन्न- पाण्याशिवाय कसा राहू शकतो ?

उंटाच्या पाठीवर जो एक उंचवट्यासारखा भाग असतो त्यात जवळ जवळ ५० पौंड इतकी चरबी जमा झालेली असते. उंटाला ज्या वेळी अन्न व पाणी भरपूर प्रमाणात मिळते त्या वेळी हा चरबीयुक्त भाग वाढत असतो. वाळवंटात ज्या वेळी उंटाला अन्न-पाण्याचा तुटवडा भासतो त्या वेळी त्याला आवश्यक असणारी शक्ती पुरविण्यासाठी ह्या चरबीचा उपयोग होतो. एक पौंड जर चरबी वापरात आली तर त्यापासून एक पौंड पाणी उंटाला मिळू शकते कारण चरबीचे विघटन होत असताना दुय्यम पदार्थ म्हणून हायड्रोजन बाहेर पडतो व उंटाचे श्वासाबरोबर घेतलेल्या ऑक्सिजनचा या हायड्रोजनशी संयोग होऊन त्यापासून पाणी तयार होते. ह्या पाण्यावर उंट कित्येक दिवस आपले काम चांगल्या प्रकारे करू शकतो.

३७६. सोडियम हा धातू रॉकेलमध्ये बुडवून का ठेवतात ?

सोडियम धातूचे हवेत क्षरण होते. तसेच त्याची पाण्याबरोबर अभिक्रिया होते. सोडियम रॉकेलपेक्षा जड आहे. तसेच त्याची अभिक्रिया होत नाही. सोडियम रॉकेलमध्ये असताना त्याचा हवेशी संपर्क तुटतो, अभिक्रिया होत नाही. म्हणून सोडियम हा धातू रॉकेलमध्ये बुडवून ठेवतात.

३७७. स्टोव्हचा बर्नर गरम झालेला नसताना पंप केल्यास भडका का उडतो ?

बर्नर थंड असताना स्टोव्हला पंप केले तर बर्नरमधून रॉकेल बाहेर येते.

त्याला आगपेटीने पेटवावे लागते. थोड्या वेळाने बर्नर चांगला गरम झाल्यावर पंप केल्यास बर्नरमधून रॉकेल ऐवजी रॉकेलची वाफ बाहेर येते व पेटते आणि स्टोव्ह चालू होतो; पण बर्नर जर चांगला तापला नसेल तर रॉकेलची कच्ची वाफ बाहेर येते व स्टोव्हच्या बर्नरभोवती पसरते. त्यामुळे ह्या वाफेचा भडका उडतो. म्हणून बर्नर चांगला तापल्याशिवाय स्टोव्हला पंप करू नये.

३७८. सुरुंगाची वात पेटविण्यासाठी वापरलेली बारूद जळताना तिचा स्फोट का होत नाही ?

सुरुंगाचा स्फोट घडवून आणून मोठमोठे खडक फोडावे लागतात. त्यासाठी खडकात पहारीने खोल छिद्रे पाडतात. ह्या छिद्रात बारूद ठासून भरतात. ह्या बारूदला पेटविण्यासाठी त्यात लांब वात बसवितात. छिद्राचे तोंड दगडाचा भुगा दाबून भरून पक्के करतात. बाहेर आलेली वात दूर अंतरापर्यंत नेतात व तेथे पेटवितात. ही वात जोराने पेटावी यासाठी तिच्यात बारूद भरलेली असते; पण ती दाबून भरलेली नसते. त्यामुळे ती भराभर पेटते पण तिचा स्फोट होत नाही. ह्या वातीचा उपयोग फक्त सुरुंगातील बारूदपर्यंत विस्तव पोहोचविणे एवढाच असतो. त्यामुळे तिच्यातील मोकळी बारूद भराभर जळत जाऊन छिद्रातील ठासून भरलेल्या बारूदला पेटविते. सुरुंगातील बारूद एकदम पेटते पण तिच्या प्रसणाला वाव नसल्याने प्रचंड दाब तयार होतो व खडकाला फोडून तिचा मोठा स्फोट होतो व खडकाच्या ठिकऱ्या उडतात. अशा प्रकारे दाबाखालील बारूद पेटताना स्फोट होतो; पण तीच बारूद दाबलेली नसेल तर फक्त भराभर पेटते. हीच क्रिया सुरुंगाच्या वातीत घडते; त्यामुळे वात जळताना तिचा स्फोट होत नाही.

३७९. साप कात कशी टाकतो ?

सापाच्या शरीरावर नवीन त्वचा तयार झाली की साप बाह्यत्वचेचा त्याग करतो. याच त्वचेला आपण कात टाकली असे म्हणतो. सापाची कात टाकणे ही एक वैज्ञानिक प्रक्रिया आहे. सापाचे शरीर वाढत असते. त्यावेळी त्याला जुनी त्वचा अपुरी पडू लागते. ठराविक कालावधीनंतर कात टाकण्यापूर्वी सापाला अंधूक दिसू लागते. डोळ्यावर निळा पापुद्रा तयार होतो. त्यामुळे त्याला अंधत्व येते. साप सुस्तावतो. ओलसर ठिकाणी पडून राहतो. अशा वेळी शिकार न मिळाल्याने त्याला उपाशीसुद्धा राहावे लागते. त्यामुळे साप चिडचिडा बनतो. कात टाकण्यापूर्वी पंधरा दिवस आधीच त्वचा ढिली पडते.

पांढरी पडते. साप इकडून तिकडे जाताना घासून घुसून त्वचा काढण्याचा प्रयत्न करतो. या काळात तो अत्यंत अस्वस्थ असतो. ज्यावेळी तोंडाजवळची व डोक्यावरची त्वचा फाटते त्या वेळी शरीराचे आकुंचन करून तो तोंडाच्या बाजूने त्या त्वचेतून बाहेर पडतो. त्यासाठी तो झाडाच्या एखाद्या फांदीचा आधार घेतो. कात टाकण्याच्या ह्या प्रक्रियेत काही वेळा कातीची आतील बाजू उलटून बाहेर येते. काही साप वर्षातून एकदा व काही साप वर्षातून तीनदासुद्धा कात टाकतात.

३८०. सूर्यप्रकाशात कागदापासून ठराविक अंतरावर बहिर्गोल भिंग धरल्यास कागद का पेटतो ?

बहिर्गोल भिंगाचा आकार गोल असतो. हे भिंग मध्यभागी फुगीर असून परिघाकडे त्याची जाडी कमी असते. ह्या भिंगावर प्रकाशकिरणे जर समांतर पडली तर केंद्रान्तराच्या अंतरावर येथून एकत्र होतात. हे भिंग उन्हात धरले आणि त्याच्या खालच्या बाजूने केंद्रान्तराच्या अंतरावर कागद धरला तर भिंगावर पडणारी सर्व सूर्यकिरणे निमुळती होत जाऊन कागदावर एका बिंदूत एकत्र होतात. त्यामुळे त्या बिंदूजवळ तापमान खूप वाढते व त्या ठिकाणी कागद पेट घेतो.

३८१. सपाट आरशामध्ये आपली पूर्ण प्रतिमा पहावयाची असेल तर आपल्या उंचीच्या निमपट उंचीचा आरसा का लागतो ?

आपणास आपली पायापासून डोक्यापर्यंत उंचीची पूर्ण प्रतिमा आरशात पहायची असेल तर पायापासून निघणारे प्रकाशकिरण व डोक्यापासून निघणारे प्रकाशकिरण डोळा किंवा मान न फिरविता डोळ्यात पोचले पाहिजेत. ते पोचण्यासाठी व्यक्तीच्या एकूण उंचीच्या निमपट आरसा पुरेसा होतो. हे सोबतच्या

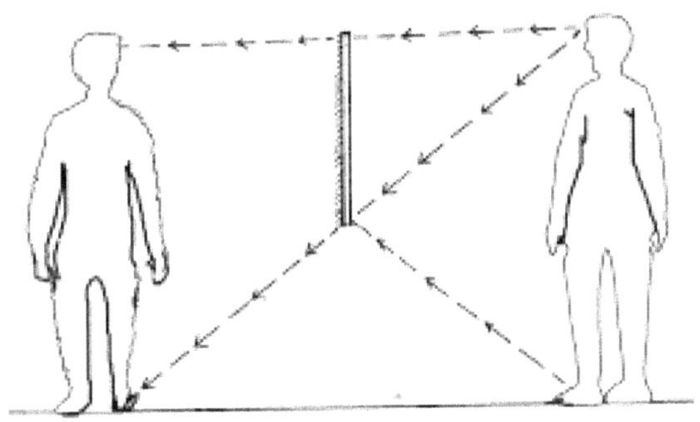

आकृतीत स्पष्ट दाखविले आहे.

३८२. सूर्यग्रहणाचे प्रकार किती व कोणते आहेत ?

अमावस्येच्या दिवशी पृथ्वी व सूर्य यांच्यामध्ये चंद्र असतो. पृथ्वी, सूर्य व चंद्र एका रेषेत आले की चंद्राची सावली पृथ्वीवर पडते. पृथ्वीच्या ज्या भागावर ही सावली पडते त्या भागातील लोकांना सूर्य झाकलेला दिसतो. ह्यालाच सूर्यग्रहण म्हणतात. सूर्यग्रहण नेहमी अमावस्येला होते. सूर्यग्रहणाचे प्रकार–

i) खंडग्रास सूर्यग्रहण : जेव्हा सूर्याचा काही भाग झाकलेला दिसतो तेव्हा खंडग्रास सूर्यग्रहण होते.

ii) खग्रास सूर्यग्रहण : जेव्हा पूर्ण सूर्य झाकलेला असतो. त्याला खग्रास सूर्यग्रहण म्हणतात. हे ग्रहण एका ठिकाणी जास्तीत जास्त ७ मिनीटे ३० सेकंद दिसते.

iii) कंकणाकृती सूर्यग्रहण : ज्या वेळी चंद्राची सावली पृथ्वीपर्यंत पोहचू शकत नाही. त्या वेळी छायेसमोरच्या भागातून सूर्याकडे पाहिल्यास सूर्याचा मध्यभाग झाकलेला दिसतो व सभोवती प्रकाशाचे कडे दिसते. कंकणाकृती सूर्यग्रहण केवळ १० ते २० सेकंद दिसते.

३८३. स्वयंपाकाच्या भांड्याच्या मुठी लाकूड अथवा प्लॅस्टिकच्या का असतात ?

लाकूड व प्लॅस्टिक उष्णतेचे दुर्वाहक असतात. म्हणजेच त्यांच्यामधून उष्णतेचे वहन होत नाही. स्वयंपाकाचे भांडे गरम झाले तरी त्यांच्या मुठीचे तापमान वाढत नाही. त्यामुळे मुठी धरून भांडे धरता येते. यासाठी त्या मुठी लाकडाच्या किंवा प्लॅस्टिकच्या बनविलेल्या असतात.

३८४. समतोल आहार कशा प्रकारचा असतो ?

आपले आरोग्य निकोप राहण्यासाठी व शरीराची वाढ योग्य रितीने होण्यासाठी शरीरास पोषक अन्नघटकांचा व जीवनसत्त्वांचा पुरवठा आपल्या दररोजच्या जेवणातून योग्य प्रमाणात व्हावा; म्हणजे शरीरास आवश्यक असणारी ऊर्जा पुरेशा प्रमाणात दररोज मिळत राहील व शरीर सुदृढ राहून त्याकडे सहसा कोणताही रोग फिरकून पाहणार नाही. भारतीय आयुर्विज्ञान संस्थेने पुढीलप्रमाणे समतोल आहारातील अन्नगटांचे प्रमाण ठरविले आहे–

१)	तृणधान्ये	४०० ग्रॅम
२)	कडधान्ये	८५ ग्रॅम
३)	हिरव्या भाज्या	२०० ग्रॅम
४)	कंदमुळे	८५ ग्रॅम.
५)	फळे	८५ ग्रॅम
६)	तेल, तूप	५० ग्रॅम
७)	साखर, गूळ	५० ग्रॅम
८)	दूध	२५० ग्रॅम
९)	अंडे	१ नग
१०)	मांस, मासे	५० ग्रॅम

शाकाहारी लोकांनी शेवटचे दोन गट वगळता दूध व कडधान्याचे प्रमाण जास्त घ्यावे म्हणजे झाले.

३८५. सायकलच्या चाकाला परिघाजवळ ब्रेक का लावतात ?

सायकलचे चाक फिरण्यासाठी त्याला पायडलने गती दिली जाते. ही गती चाकाच्या मध्यबिंदूजवळ दिलेली असते. त्यामुळे चाक फिरू लागते. चाक फिरताना मध्यबिंदूपेक्षा परिघाजवळ जास्त शक्ती असते. मध्यबिंदूजवळ जर ब्रेक लावले असते तर परिघाच्या जास्त शक्तीने फिरणारे चाक लवकर थांबले नसते; पण परिघाजवळ ब्रेक घासल्याने परिघाचीच मोठी शक्ती थांबविली गेल्याने चाक ताबडतोब थांबते.

३८६. सायकलच्या डायनामोची रचना कशी असते ?

सायकलचा डायनामो म्हणजे छोटेसे जनित्रच असते. सायकलच्या मागच्या

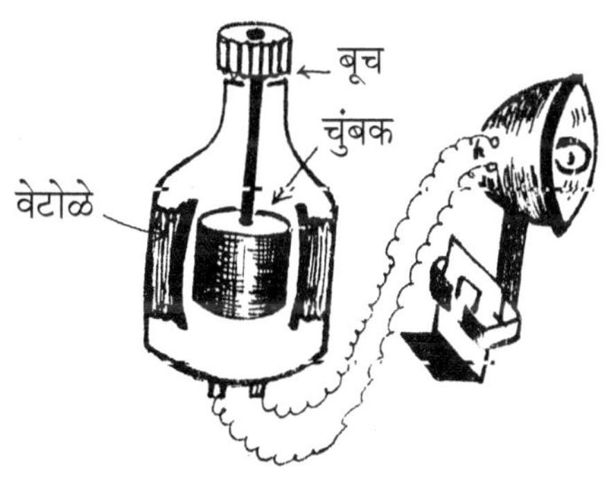

चाकाच्या टायरला घासून फिरेल असे याला बूच असते. ह्या डायनामोचा आकार शिशीप्रमाणे असतो. हे सर्व लोखंडापासून बनविलेले असते. ह्या दंडगोलाकृती डबीत चार किंवा दोन इनॅमल्ड वायरची वेटोळी समोरासमोर बसविलेली असतात. ती स्थिर असतात. वेटोळ्याच्या वायरची दोन टोके बाहेर काढून सायकलच्या बल्बपर्यंत नेलेली असतात. ह्या वेटोळ्याच्या मधल्या रिकाम्या जागेत एक दंडगोलाकार चुंबक एका उभ्या दांड्याला जोडलेला असतो. ह्या दांड्याला वरचे लोखंडी बूच जोडलेले असते. डायनामोला एक तरफ असते ती दाबली म्हणजे लोखंडी बूच टायरला टेकते. टायर फिरले की बूच, दांडा व दंडगोलाकार चुंबक फिरू लागतात. दोन वेटोळ्यात त्यामुळे विद्युत प्रवाह तयार होतो. तो वायरमधून बल्बमध्ये जातो व बल्ब प्रकाशू लागतो.

३८७. सूक्ष्म छिद्र कॅमेरा (पीन होल कॅमेरा) कशाला म्हणतात ?

सूक्ष्म छिद्र कॅमेरा म्हणजे एक प्रकाशबंद नि आतून काळा रंग दिलेला डबा असतो. बाहेरचा प्रकाश डब्याच्या आत येण्यासाठी फक्त एक छिद्र असते. हे छिद्र जाड सुईने पाडलेले असते. म्हणून याला सूचीछिद्र कॅमेरा असेही म्हणतात. हा डबा चौकोनी किंवा दंडगोलाकृती असतो. डब्याच्या आत छिद्रासमोर एक अर्धपारदर्शी काचेचा पडदा किंवा तेल लावलेला कागद लावलेला असतो. हा डबा उघड्या खिडकीत ठेवून त्याची छिद्राची बाजू बाहेरच्या बाजूला करावी. पडद्याच्या बाजूला हाताने अंधार करावा. खिडकीच्या बाहेर जे दृश्य असेल त्याची उलटी प्रतिमा तेल लावलेल्या कागदावर दिसते.

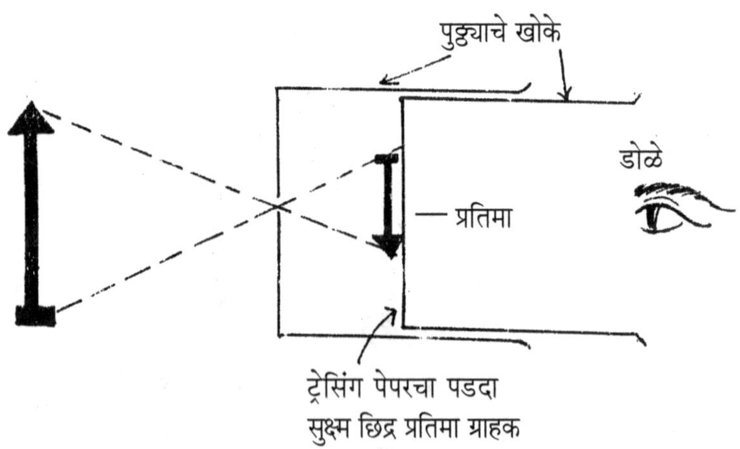

सूक्ष्म छिद्र प्रतिमा ग्राहक

३८८. सापाला कान नसतात मग तो आवाज कसा ऐकतो ?

सापाला ध्वनिचे ज्ञान उत्तम असते. थोडा जरी आवाज आला तर तो चपळाईने हालचाल करतो किंवा संरक्षणासाठी पवित्रा घेतो पण त्याला कान मात्र नसतात ही गोष्ट खरी आहे. सापाची त्वचा अतिशय संवेदनक्षम असते. त्यामुळे जमिनीवरून सरपटताना त्याला ध्वनिचे ज्ञान होते. हवेतील आवाजाने जमीन कंप पावते. ती कंपने सापाची त्वचा ग्रहण करते व त्यावरून तो आवाज कशाचा आहे, शत्रूचा आहे की मित्राचा, सहज उत्पन्न झाला की आक्रमक आहे ह्या सर्व गोष्टी कळतात व त्यावरून तो आपला पवित्रा ठरवितो. पुंगीच्या आवाजाने नाग डोलत नाही. पुंगी जसजशी इकडे तिकडे होते त्या प्रमाणे तो आपला फणा हलवितो कारण त्याला त्या पुंगीवर नेम धरून दंश करायचा असतो. म्हणून तो नेम धरण्यासाठी फणा इकडे तिकडे फिरवितो.

३८९. सूर्याच्या उष्णतेने झाडाची पाने गरम का होत नाहीत ?

झाडाच्या पानात अनेक थर असतात. त्यात केशिका असतात. याच्या वरील आवरणाला असंख्य छिद्रे असतात. ह्या छिद्राद्वारे वनस्पती श्वासोच्छ्वास करतात व जास्तीचे बाष्प हवेत सोडतात. ह्या क्रियेत उष्णता घेतली जाते व पान थंड होते. ते पाणी हवेत गेले की पुन्हा आतील पाणी छिद्रामध्ये येते. ही क्रिया सारखी सुरू असल्याने सूर्याच्या उष्णतेने झाडाची पाने गरम होत नाहीत.

३९०. सूर्य ऊर्जेचा मोठा स्त्रोत आहे असे का म्हणतात ?

अन्नामध्ये साठविलेली रासायनिक ऊर्जा, विविध इंधनात साठविलेली रासायनिक ऊर्जा तसेच उंचावरील पाण्यात साठविलेली स्थितीज ऊर्जा; अशा प्रकारच्या पृथ्वीवरील सर्व ऊर्जांचे मूळ सूर्यात आहे. म्हणून सूर्य हा ऊर्जेचा मोठा स्त्रोत आहे असे म्हणतात.

३९१. साखरेच्या पाण्यातील द्रावणातून विद्युतधारा का वाहत नाही ?

द्रावातून विद्युतधारा वाहण्यासाठी त्यात मुक्त अयन असणे आवश्यक आहे. साखर हे सहसंयुज संयुग आहे. साखर पाण्यात विरघळली असता तिचे विचरण होत नाही व मुक्त आयन तयार होत नाहीत. म्हणून साखरेच्या

द्रावणातून विद्युतधारा वाहत नाही.

३९२. स्थितीज ऊर्जा म्हणजे काय ?

वस्तुच्या विशिष्ट स्थितीमुळे किंवा आकारामुळे त्या वस्तुमध्ये जी ऊर्जा सामावलेली असते तिला स्थितीज ऊर्जा म्हणतात. उदा. बाण लावून ताणलेले धनुष्य, ताणलेली स्प्रिंग, डोंगरावरील पाण्याचा साठा, बॉम्बमधील स्फोटक मिश्रण, गुंडाळलेली स्प्रिंग ही स्थितीज ऊर्जेची उदाहरणे आहेत.

३९३. साबणाचे फुगे नेहमी गोलच का असतात ?

साबणाचे फुगे आपण हवेत तयार करतो. साबणाच्या पाण्याच्या पापुद्र्यात हवा भरून हे तयार होतात. ह्या फुग्यावर सर्व बाजूंनी सारखा असा वातावरणाच्या हवेचा दाब असतो. त्यामुळे ते वाकडेतिकडे न होता गोल तयार होतात.

३९४. संप्लवन म्हणजे काय ?

ज्या क्रियेत काही पदार्थांना थोडी ऊर्जा पुरविताच त्याचे स्थायू रूपातून द्रवरूपात अवस्थांतर न होता एकदम वायुरूपात अवस्थांतर घडून येते त्या क्रियेला संप्लवन म्हणतात. आयोडिन, कापूर, नवसागर हे संप्लवनशील पदार्थ आहेत.

३९५. हायड्रोजन हा वायू ज्वलनशील असून ऑक्सिजन ज्वलनपोषक आहे पण दोघाच्या संयोगाने बनलेले पाणी मात्र आग का विझवते?

हायड्रोजन हा वायू स्वत: जळतो आणि ऑक्सिजन वायू ज्वलनास मदत करतो हे खरे आहे. दोघांचा संयोग होऊन पाणी तयार होतो. म्हणजे पाणी हे हायड्रोजन व ऑक्सिजन यांचे संयुग आहे. संयुगात मूळ घटकाचे गुणधर्म राहत नाहीत. म्हणून पाण्यात हायड्रोजन व ऑक्सिजन यांचा कोणताच गुणधर्म नाही. म्हणून पाणी ज्वलनशील नाही व ज्वलनपोषकही नाही. या उलट ते आग विझविते. म्हणून आग विझविण्यासाठी पाण्याचा उपयोग करतात.

३९६. समुद्राच्या पाण्यात नदीच्या पाण्यापेक्षा पोहणे सोपे असते याचे कारण काय ?

जास्त घनतेच्या द्रव पदार्थात वस्तू कमी बुडतात. या उलट कमी घनतेच्या द्रव पदार्थात वस्तू जास्त बुडतात. समुद्राच्या पाण्यात नदीतून वाहत आलेले क्षार शेकडो वर्षापासून जमा होत आहेत. त्यामुळे समुद्राचे पाणी खारे झाले असून त्याची घनता नदीच्या पाण्यापेक्षा किती तरी जास्त आहे. पोहणारी व्यक्ती नदीच्या पाण्यात जास्त बुडते त्या मानाने समुद्राच्या पाण्यात कमी बुडते. म्हणून समुद्रात पोहणे सोपे जाते.

३९७. सौर चुलीत अंतर्गोल परावर्तक का वापरतात ?

सौर चुलीचे तत्त्व म्हणजे सूर्याचे किरण एकत्र करून पदार्थ शिजविण्याच्या भांड्यावर पाडणे. जितके जास्त किरण पडतील तितका तो पदार्थ लवकर

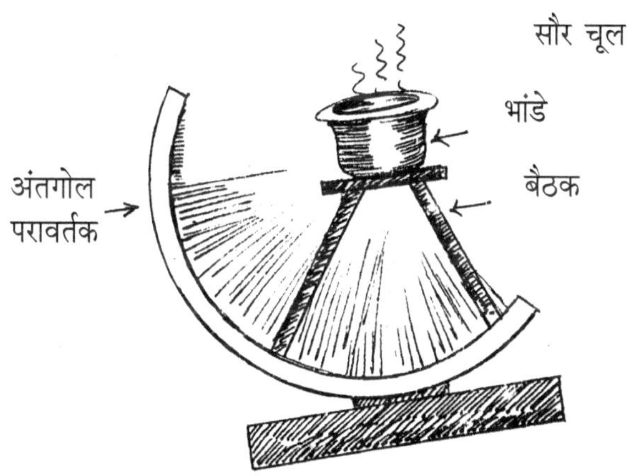

शिजतो. सौर चुलीचा अंतर्गोल परावर्तक मोठा असतो. त्यावर पडणारी सगळी सूर्यकिरणे हा एका बिंदूत एकत्र करतो. ह्या बिंदूच्या ठिकाणी शिजविण्याचा पदार्थ ठेवलेला असतो. सर्व प्रकाशकिरणे एकत्र झाली की ते भांडे खूप गरम होते व पदार्थ लवकर शिजतो.

३९८. सायकलचे पायडलचे चाक मागील दातेरी चाकापेक्षा का मोठे असते ?

पायडलच्या दातेरी चाकाचा व्यास मोठा असल्यामुळे परिघसुद्धा मोठा असतो. त्यामुळे त्यावर असणारे दातेसुद्धा जास्त असतात. मागील चाकाचा व्यास लहान असल्यामुळे परिघ लहान असतो व त्यावर असणाऱ्या दात्यांची संख्यासुद्धा

कमी असते. दोन्ही चाके चेनने जोडलेली असतात. पायडलच्या चाकाचा एक फेरा पूर्ण झाला म्हणजे लहान चाकाचे अनेक फेरे होतात. तितकेच फेरे सायकलच्या चाकाचे होतात. म्हणजे पायडलचे चाक कमी वेळा फिरवून सायकलच्या चाकाला जास्त वेग देता येतो. म्हणजे पाय कमी वेळा मागे-पुढे करून सायकल जास्त अंतर जाऊ शकते.

३९९. हिमनग (Iceberg) कशाला म्हणतात ?

ध्रुव प्रदेशातील हिमनद्याच्या प्रवाहाने किंवा जोराने वाहणाऱ्या वाऱ्यामुळे बर्फाची प्रचंड शिला ती सागराच्या पाण्यावर तरंगू लागली म्हणजे तिला हिमनग असे म्हणतात. हे हिमनग शेकडो मीटर उंच व अनेक कि.मी. लांबीचे असतात. शीत प्रवाहामुळे ते उष्ण कटिबंधाकडे ओढून नेले जातात. पाण्याचे बर्फ बनताना त्याचे आकारमान वाढते व ह्या अपवादात्मक प्रसरणामुळे बर्फ पाण्यापेक्षा हलके होऊन तरंगू लागते; परंतु बर्फाची घनता पाण्याच्या ०.८८ एवढी असल्याने त्याचा $\frac{१}{१०}$ भागच पाण्याच्या पृष्ठभागावर दिसतो व $\frac{९}{१०}$ भाग पाण्याखाली असतो. त्यामुळे दूरून हिमनगाच्या आकाराची मुळीच कल्पना येत नाही. अंटार्टिका खंडाजवळ व ग्रीनलॅंडजवळ हिमनगाचे प्रमाण मोठे असते. त्यांना चुकवून बोटींना मार्ग काढावा लागतो. हिमनगाचा अंदाज न आल्याने आतापावेतो अनेक बोटी हिमनगाशी टक्कर मारून सागर तळाशी गेल्या आहेत.

४००. हृदयविकाराचा झटका कशामुळे येतो ?

हृदयाच्या धमनीमध्ये रक्ताच्या गुठळ्या तयार झाल्याने बरेचदा हृदय विकाराचा झटका येतो. जर एखादी गुठळी पूर्णपणे धमनीची वाट अडविण्याएवढी अडकली असेल तर त्या धमनीतून रक्तसंचार व्हायचे थांबते. त्यामुळे हृदयाच्या स्नायूंचे काम बंद पडते. हे घडत असताना भयंकर वेदना होतात. हृदयाचे स्नायू खूप वेळपर्यंत काम करू शकले नाही तर हृदयाच्या सर्व क्रिया बंद पडतात. हृदय बंद पडते व मृत्यू येतो. हे जर थोडा वेळ पर्यंत राहिले तर मृत्यू येत नाही पण एखादे अपंगत्व येऊ शकते. अशा वेळी तातडीची वैद्यकीय मदत रोग्याचा जीव वाचवू शकते. त्यासाठी महत्त्वाची लक्षणे ओळखून डॉक्टरांना बोलावणे सोपे जावे यासाठी काही गोष्टींची माहिती ठेवा. अस्वस्थता, हृदयावर नकोसा दाब जाणवणे, छातीत कळा येणे, गच्च भरल्यासारखे वाटणे हे सारे काही, काही मिनिटापुरते असले तरी छातीवरचा हा दाब अगदी पिळवटून काढणारा असतो.

हृदय व छातीच्या वेदना खांद्यापर्यंत पसरणे, तेथेही जड वाटणे, याचप्रमाणे मळमळ, चक्कर, घाम, श्वासात अडथळा इत्यादीही जाणवू शकते. हृदयाची धडधड नेहमीसारखी न होता कमी-जास्त व्हायला लागते. यापैकी काहीही झाले तरी ताबडतोब डॉक्टराची मदत घ्या.

४०१. हिऱ्याचा उपयोग अलंकारात का करतात ?

पारदर्शक पदार्थाचा अपवर्तनांक जितका अधिक असेल तितका त्याचा क्रांतीक कोन कमी होत जातो आणि त्या योगे बहुसंख्य प्रकाशकिरणाचे पूर्ण आंतरिक परावर्तन होते. हिरा या रत्नाचा अपवर्तनांक सर्वात अधिक असल्याने त्याचा क्रांतीक कोन सर्वात कमी असतो. त्यामुळे त्याला पैलू पाडून विशिष्ट आकार दिल्याने त्यावर पडलेल्या बहुतेक सर्व प्रकाशकिरणाचे पूर्ण आंतरिक परावर्तन होऊन तो चमकतो. त्यामुळे त्याचा उपयोग तेजस्वी रत्न म्हणून अलंकारामध्ये करतात. शिवाय तो सर्वात कठीण पदार्थ असल्याने त्यावर एकदा पाडलेले पैलू दीर्घकाळपर्यंत तसेच राहू शकतात.

४०२. हॉवरक्रॉफ्ट म्हणजे काय ?

ही हवेत चालणारी मोटार आहे. ती सपाटीपासून ३० सें.मी. उंचीवरून चालते. त्यामुळे ती पाणी व जमीन दोन्हीवरून ताशी १०० मैल वेगाने चालू

शकते. तिच्या खाली जेट इंजिनाच्या सहाय्याने हवेची गादी तयार केली जाते. ह्या मोटारीमध्ये १०० प्रवासी बसू शकतात. इंग्लंडमधील सिडले ब्रिस्टॉल कंपनीतील खिस्तोफर कॉकरेल याने हे वाहन तयार केले. त्याने पहिल्याच प्रयत्नात इंग्लिश खाडी सहजगत्या पार केली.

४०३. हातपंपाचे पाणी हिवाळ्यात गरम व उन्हाळ्यात थंड का वाटते ?

हिवाळ्यात आपल्या सभोवतालचे हवेचे तापमान खूप कमी असते. या उलट जमिनीखाली खोलवर असणाऱ्या बंदिस्त पाण्याचे तापमान बाहेरील हवेच्या तापमानापेक्षा बरेच जास्त असते. त्यामुळे ते पाणी गरम वाटते. उन्हाळ्यात भोवतालच्या हवेचे तापमान जास्त असते व जमिनीखालील पाण्याचे तापमान कमी असते. त्यामुळे उन्हाळ्यात जमिनीखालून काढलेले पाणी उन्हाळ्याचे दिवसात तुलनेने थंड वाटते.

४०४. ज्या यंत्रात विद्युत चुंबकाचा वापर केलेला असतो त्यांची नावे व उपयोग कोणते?

i) विद्युत मोटार : यंत्रांना गती देणे.
ii) चुंबकीय क्रेन : लोखंडी यंत्रे, इतर अवजड वस्तू यांची चढ-उतार करणे.
iii) विद्युत घंटा : घराच्या दारावर लावण्यासाठी.
iv) लाऊड स्पीकर : सभेत आवाज मोठा करण्यासाठी.
v) अँमीटर : विद्युतधारा मोजण्यासाठी.
vi) होल्टमीटर : विजेचा दाब मोजण्यासाठी.
vii) गॅल्व्हानोमीटर : विद्युत प्रवाह ओळखण्यासाठी.
viii) टेलिग्राफ यंत्र : संदेश पाठविण्यासाठी.
xi) टेलिफोन : संदेश बोलण्यासाठी, ऐकण्यासाठी.
x) मल्टीमीटर : विद्युतधारा, होल्टेज, रेझिस्टंट मोजण्यासाठी.

४०५. 'हायड्रोफोबिया' म्हणजे काय ?

कुत्र्यास झालेली जखम लवकर बरी न झाल्यास त्या जखमेत 'रेबीज' नावाचे सूक्ष्म जंतू तयार होतात. असा कुत्रा दुसऱ्या कुत्र्यास चावला म्हणजे तोही 'रेबीज'- धारक बनतो. हा पिसाळलेला कुत्रा ३ ते ५ दिवसात मरतोच.

त्या आधी त्यापासून सावध राहणे चांगले. असा पिसाळलेला कुत्रा आपल्याला चावला की त्याची लाळ आपल्या शरीरातील रक्तात मिसळते. या लाळेत रेबीज जंतू असतात. हे जंतू रक्तात मिसळले म्हणजे आपल्याला 'हायड्रोफोबिया' हा रोग होतो. या रोगामुळे रोग्यास पाण्याची भीती वाटू लागते. शेवटच्या अवस्थेत माणसाचा घसा सुजतो. त्याला श्वास घेणे अवघड होते, त्यामुळे एक घरघर लागते. हा आवाज कुत्र्याच्या भुंकण्याप्रमाणे असतो. त्यामुळे सदर इसम भुंकू लागला असे म्हणतात. ह्या रोगाच्या सुरुवातीला म्हणजे कुत्रा चावल्याबरोबर बेंबीच्या भोवती चौदा इंजेक्शने घेतली तर इसम दगावत नाही. सरकारी दवाखान्यात हे इंजेक्शन मोफत मिळते.

४०६. हवेचा दाब प्रचंड असून तो आपणास का जाणवत नाही ?

एका पिपात पाणी घेऊन गरम केले व त्यातील वाफ बाहेर जाऊ दिली व नंतर त्याला घट्ट बूच बसविले तर थोड्या वेळाने थंड झाल्यावर ते पिंप वाकडे-तिकडे चेपून जाते. कारण आतील हवेचा दाब कमी झाल्यामुळे वातावरणाचा दाब त्याला चेपवितो; पण समजा हेच पिप पाणी टाकून गरम केल्यावर बूच न लावता तसेच उघडे ठेवले तर ते चेपत नाही. कारण यावेळी पिपाचे तोंड उघडे असल्याने पिपाच्या आतील व बाहेरील हवेचा दाब सारखा असतो. हीच गोष्ट आपल्या शरीराची आहे. नाकातून, तोंडातून आपण हवा आत घेतो व बाहेर सोडतो. त्यामुळे वातावरणातील हवेचा दाब व शरीराच्या आतील हवेचा दाब सारखा होतो. त्यामुळे तो आपल्याला जाणवत नाही.

४०७. हात किंवा पाय बराच वेळ दबून राहिला तर त्याला मुंग्या का येतात ?

हातावर किंवा पायावर बराच वेळ दाब पडला तर त्या भागात होणारा रक्तपुरवठा बंद होतो. तसेच मेंदूकडे संदेश नेणारी यंत्रणा अडखळते. म्हणून त्या भागातील संवेदना कमी होते व त्या भागाला मुंग्या आल्याप्रमाणे बधीर वाटते. हात किंवा पाय थोडे सैल सोडून मोकळे केले म्हणजे रक्ताभिसरण पुन्हा सुरू होते व मुंग्या निघून जातात.

४०८. हवा दाबमापीतील पारा एकदम खाली आल्यास वादळ होण्याचा किंवा पाऊस येण्याचा संभव का असतो ?

हवा दाबमापीने हवेचा दाब मोजतात. जेव्हा हवा दाबमापीतील पाऱ्याचा स्तंभ खाली उतरतो तेव्हा हवेचा दाब कमी झालेला असतो. जेव्हा पाऱ्याचा स्तंभ वर जातो त्यावेळी हवेचा दाब वाढलेला असतो. त्या ठिकाणचा हवेचा दाब एकदम कमी झाल्यामुळे जास्त दाबाची हवा, कमी दाबाची जागा भरून काढण्यासाठी वेगाने येत असते. त्यामुळे वारा जोराने वाहतो व वादळ होण्याची शक्यता असते किंवा पाऊस येण्याचा संभव असतो.

४०९. हवेत असणाऱ्या अत्यल्प प्रमाणातील वायूंचा कोठे उपयोग होतो ?

हवेत अत्यल्प प्रमाणात असणारे हेलियम, ऑरगॉन, क्रिप्टॉन, निऑन, झेनॉन हे वायू निष्क्रीय आहेत. त्यांचा रासायनिक संयोग होत नाही. ह्यांचे उपयोग पुढीलप्रमाणे आहेत.

i) हेलियम : हा वायू बलूनमध्ये भरण्यास उपयोगी पडतो. हे बलून अवकाश संशोधनाची उपकरणे घेऊन आकाशात जातात.

ii) ऑरगॉन : हा वायू विजेचा बल्ब हवा रहीत केल्यावर तो बाहेरच्या हवेच्या दाबाने फुटू नये म्हणून हा वायू भरतात.

iii) क्रिप्टॉन व निऑन : हे वायू भरून काचेच्या पोकळ नळ्याची अक्षरे बनवितात व त्यातून वीजप्रवाह सोडतात. त्यामुळे अक्षरे रंगीत प्रकाश देऊ लागतात. जाहिरातीसाठी याचा उपयोग होतो.

iv) झेनॉन : या वायूचा उपयोग फ्लॅश लॅंपमध्ये होतो.

४१०. हवेच्या प्रदुषणामुळे मानवी जीवनावर कोणते परिणाम होतात ?

i) हवेतील सल्फर डॉय ऑक्साईडमुळे : घशाची जळजळ, खोकला, श्वसनमार्ग दाह असे श्वसनसंस्थेचे विकार.

ii) ओझोन, PAN मुळे : डोळ्याची खाज, खोकला, थकवा, घशाला सूज.

iii) कार्बन मोनोक्साईडमुळे : रक्ताची ऑक्सिजन वाहक क्षमता कमी होते, त्यामुळे डोकेदुखी, गरगरणे असे त्रास होतात. हृदय व फुप्फुसावर वाईट परिणाम होतात.

iv) **हायड्रोजन सल्फाईड, HF मुळे :** श्वसनसंस्थेचा पक्षाघात, कर्करोग.

v) **कणमय प्रदुषणामुळे :** श्वसन मार्गाचे अनेक विकार, दमा उसळणे, ॲलर्जी, श्वास नलिकेचा दाह, चर्मरोग.

vi) **सिलीका ऑस्बेस्टॉसमुळे :** फुफ्फुसाचे तंतूभवन होते.

vi) **धुक्यामुळे :** कमी दिसते. त्यामुळे महामार्गांवर अपघात होतात.

४११. हिमोफिलीया कशाला म्हणतात ?

हा एक अनुवांशिक रोग आहे. यामध्ये रक्त गोठविण्यासाठी लागणाऱ्या आवश्यक अशा एका जनुकामध्ये उत्परिवर्तन होते. हिमोफिलीया असणाऱ्या व्यक्तीस जखम झाल्यास रक्त न गोठल्यामुळे ती व्यक्ती अति रक्तस्रावाने मृत्यू पावते. हा रोग सामान्यतः पुरुषामध्ये आढळतो.

४१२. होडीतून काठावर उडी मारताना होडी मागे का जाते ?

होडीतून नदीच्या किनाऱ्यावर उतरताना होडीतून पाऊल नदीच्या किनाऱ्यावर टाकताच तुम्हाला होडीवर बल प्रयुक्त करावे लागते. त्यामुळे होडी किनाऱ्यापासून

दूर ढकलली जाते. त्याच वेळी होडीसुद्धा प्रयुक्त बलाइतकीच परंतु विरूद्ध दिशेने तुमच्यावर बल प्रयुक्त करते. त्यामुळे तुम्ही नदीच्या काठावर उतरू शकता.

४१३. होकायंत्र म्हणजे काय ? त्याचा उपयोग कोठे होतो ?

होकायंत्र म्हणजे काचेचे झाकण असलेली एक डबी असते. ह्या डबीत एक चुंबक सुई टोकदार आधारावर तरंगत ठेवलेली असते. तिच्या खालच्या बाजूला दिशा दाखविणारे गोल वर्तुळ असते. ही चुंबक सुई स्थिर झाली म्हणजे नेहमी तिचे एक टोक उत्तरेकडे व दुसरे टोक दक्षिणेकडे असते. ह्या दोन दिशा समजल्या म्हणजे इतर दिशांचे ज्ञान आपोआपच होते. दिशा शोधून काढण्यासाठी

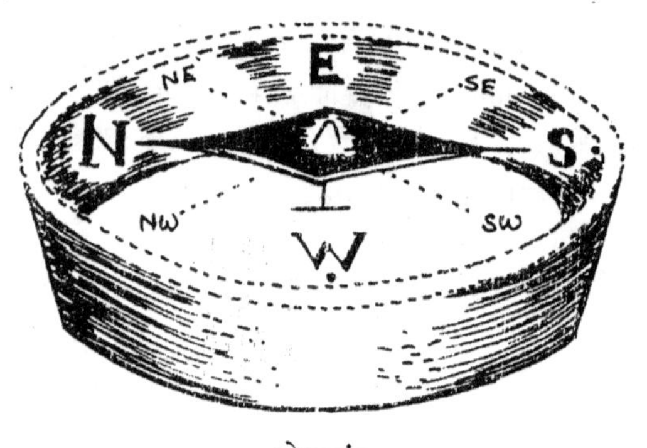

होकायंत्र

होकायंत्राचा उपयोग होतो. अथांग सागरात असणाऱ्या जहाजांना, विमानांना, जंगलात हिंडणाऱ्या शिकाऱ्यांना दिशांचे ज्ञान होण्यासाठी होकायंत्राचा उपयोग होतो. होकायंत्र चुंबकाच्या नैसर्गिक गुणधर्मावर आधारलेले आहे. कोणताही चुंबक मोकळेपणी आडवा टांगला व त्याला स्थिर होऊ दिला तर तो दक्षिण-उत्तर दिशेनेच स्थिर होतो. आपला डावा हात उत्तरेकडे व उजवा हात दक्षिणेकडे लांब केला तर आपल्या समोर पूर्व दिशा येते व आपल्या पाठीमागे पश्चिम दिशा असते.

४१४. हाड मोडले की नाही हे पाहण्यासाठी 'क्ष' किरणाचा उपयोग का करतात ?

'क्ष' किरणाचा गुणधर्म असा आहे की हे किरण माणसाची त्वचा व मांस यातून आरपार जाऊ शकतात पण हाडातून मात्र ते पलीकडे जाऊ शकत नाहीत. 'क्ष' किरण यंत्रात हे किरण तयार होतात. ह्या यंत्रासमोर हाड मोडलेला शरीराचा भाग येईल याप्रमाणे माणसाला उभे करतात किंवा झोपवितात. दुसऱ्या बाजूला फोटोग्राफीक फिल्म ठेवतात. 'क्ष' किरण यंत्र चालू केल्याबरोबर

यंत्रातून 'क्ष' किरणे बाहेर पडून व्यक्तीच्या शरीरातून आरपार जाऊन फिल्मवर परिणाम करतात. फिल्म धुतल्यावर ज्या ठिकाणी प्रकाश पडला असेल तो भाग काळा उमटतो व हाडाची सावली पांढरी पारदर्शक तयार होते. हा फोटो पाहून हाड मोडले की नाही हे डॉक्टरांना समजून येते.

४१५. हिवाळ्यात लोखंडी वस्तू हातात धरल्यास थंड का वाटते ?

हिवाळ्यात वातावरणाचे तापमान बरेच खाली आलेले असते. त्यामुळे सर्वच वस्तू थंड झालेल्या असतात. त्या मानाने शरीराचे तापमान जास्त असते. लोखंड हे उष्णतेचे सुवाहक आहे. ज्या वेळी लोखंडाचा तुकडा आपण हातात घेतो. त्या वेळी तो तुकडा आपल्या हातातील उष्णता शोषून घेतो. त्यामुळे हाताचा तेवढा भाग थंड पडतो म्हणून आपणास लोखंड थंड आहे असे वाटते.

४१६. हॉलमध्ये मोठ्याने बोलले असता आवाज का घुमतो ?

प्रतिध्वनी ऐकू येण्यासाठी बोलणाऱ्यापासून भिंतीचे अंतर १७ मीटर असावे लागते. हॉल लहान असल्याने मूळ आवाजानंतर भिंतीकडून परावर्तित झालेला आवाज आपल्या कानावर $\frac{१}{१०}$ सेकंदाच्या आत पडतो. तो मूळ ध्वनिमध्येच मिसळून ऐकू येतो. त्यामुळे आवाज घुमल्याचा भास होतो.

४१७. हवेतील घटक कोणते आहेत ? व त्याचे प्रमाण काय आहे ?

पूर्वीच्या काळी हवा हा एकजिनसी पदार्थ आहे अशी कल्पना होती. इ.स. १७७२ मध्ये हवा हे ऑक्सिजन व नायट्रोजनचे मिश्रण आहे हे शेले या शास्त्रज्ञाने दाखवून दिले. त्याचप्रमाणे त्याने हवेतील ऑक्सिजन ज्वलनाने वेगळा केला आणि उरलेला वायू ज्वलनास किंवा श्वासोच्छ्वासास मदत करत नाही हे सिद्ध केले. कोरड्या हवेत ऑक्सिजनचे प्रमाण आकारमानाने सुमारे २१% असते आणि नायट्रोजनचे प्रमाण ७८% असते. या शिवाय हवेत कार्बन-डाय-ऑक्साईड वायू असतो. त्याच्या आकारमानाचे प्रमाण ०.०३% असते. या शिवाय हवेत हेलियम, निऑन, ऑरगॉन, क्रिप्टान, झेनॉन हे अक्रिय वायूसुद्धा असतात. त्यांचे मिळून एकूण प्रमाण आकारमानाने ०.१०% असते.

४१८. अपकेंद्रित्र किंवा सेंट्रिफ्यूजचा वापर कशासाठी होतो ?

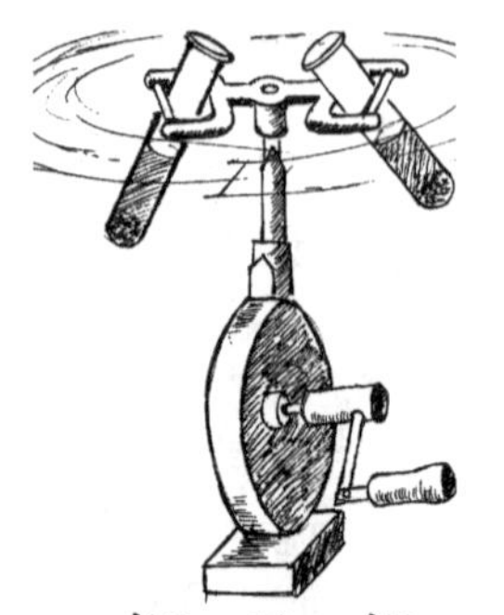

अपकेंद्रित्र किंवा सेंट्रिफ्यूज

द्रव आणि स्थायू यांच्या मिश्रणातून स्थायूचे कण वेगळे करण्यासाठी अपकेंद्री पद्धत वापरतात. रक्त, लघवी, शाई, ताक अशा मिश्रणात स्थायूचे हलके सूक्ष्म कण द्रवात सगळीकडे एकसारखे पसरलेले असतात. ते गाळणे किंवा निवळणे अशा क्रियांनी अलग करता येत नाहीत. त्यासाठी अपकेंद्रित्र किंवा सेंट्रिफ्यूज नावाचे यंत्र वापरतात.

या यंत्रात वेगाने फिरणारी एक तबकडी असते. तिच्या कडेशी परीक्षा-नळ्या जोडण्याची सोय असते. ताक, रक्त यांसारखे पदार्थ परीक्षा-नळ्यांत भरतात व यंत्र सुरू करतात. तबकडीला जोडलेल्या नळ्या वेगाने फिरत असताना पदार्थाच्या कणांवर तबकडीच्या केंद्रापासून दूर ढकलणारे बल निर्माण होते. त्यामुळे मिश्रणातील स्थायू कण तळाशी जमा होऊन, द्रवापासून वेगळे होतात. रक्तातील पेशींचे प्रमाण तपासणे, लघवी तपासणे ह्या कामांसाठी अपकेंद्री पद्धतीचा वापर केला जातो.

४१९. आपल्याला दात दोनदाच का येतात ?

इतर कोणत्याही अवयवाप्रमाणे दात या अवयवाचा विकास शरीरातील पेशीमधील गुण-सूत्रावर अंकीत असलेल्या जैविक संदेशानुसारच होतो. बहुतेक सर्व सस्तन प्राण्यामध्ये दाताचे एका पाठोपाठ दोन संच विकसित होण्यासाठी संदेश असतात. बालपणात स्तनपान व इतर मऊ अन्न खाण्यासाठी उपयुक्त असे लहान आकाराचे कोवळे दात विकसित होतात व ते काही वर्षे काम करून हळूहळू पडून जातात. परंतु प्रत्येक दुधदाताच्या मुळाशी पक्क्या दाताची कवळी तयारच असते व कच्चा दात पडला की, ही कवळी झपाट्याने मोठ्या व कठीण अशा पक्क्या दातामध्ये विकसित होते. हे पक्के दात किडल्यामुळे अथवा तुटल्याने पडून गेले तर त्यांच्या जागी नवीन दात येण्यासाठी जैविक संदेश उपलब्ध नसतात. म्हणून तिसऱ्यांदा दात येत नाहीत. अपवाद म्हणून लक्षावधी लोकसंख्येत क्वचित व्यक्तींना तिसऱ्यांदा

दात आल्याचे दुर्मिळ दाखले आहेत. अशा व्यक्तीत जैविक संदेशाची काही तरी गफलत झालेली असते.

४२०. अवती भवती

A) रेशमाचे कोष जे झाडावर मिळतात. त्यापासून जर धागा सुटा करून काढला तर तो धागा ९० मीटर लांबीचा निघतो. (रेशमाचे किडे कोश तयार करतात.)

B) डोळा हा निसर्गनिर्मित आहे. कॅमेरा ही मानव निर्मित वस्तू आहे. दोहोचे प्रतिमा उमटण्याचे व प्रतिमा दिसण्याचे तत्त्व एक आहे. पण कॅमेऱ्याला काही मर्यादा आहेत. तशा मर्यादा मानवी डोळ्याला नाहीत. त्यापैकी एक म्हणजे– समान अंतरावर समजा काही व्यक्ती उभ्या आहेत. त्यावर आपण कॅमेऱ्याने फोकसिंग केले तर त्या सर्व व्यक्ती स्पष्ट उमटतात.

ह्याच व्यक्तीकडे डोळ्यांनी पाहिले तर त्या सर्व व्यक्ती स्पष्ट दिसतील पण त्याचवेळी जर त्यातील एका विशिष्ट व्यक्तीकडे जर पहायचे असेल तर त्यावेळी ती व्यक्ती स्पष्ट दिसते, पण इतर व्यक्तींचा डोळ्याला विसर पडतो. त्या फोकसमध्ये असतात पण दुय्यम असतात.

४२१. पंपाच्या स्टोव्हचे कार्य कसे चालते ?

स्टोव्हच्या बर्नरखाली एक वाटी असते. तिच्यात रॉकेलमध्ये भिजवलेली

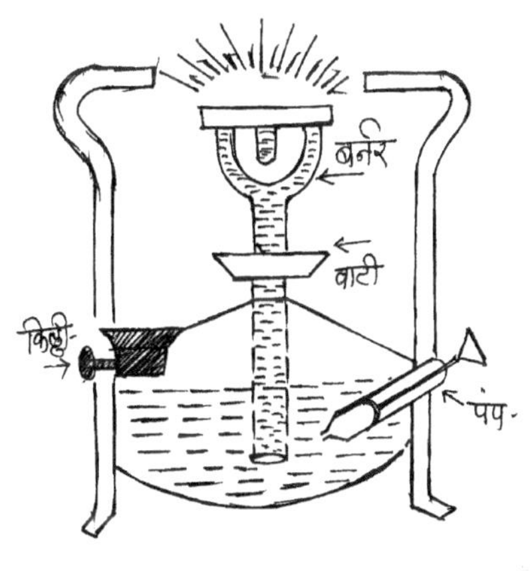

पंपाचा स्टोव्ह.

कापडाची चिंधी ठेवतात व तिला पेटवितात. त्या जाळामुळे वरचा बर्नर गरम होतो. स्टोव्हच्या टाकीची किल्ली बंद करून पंप मारणे सुरू केले, म्हणजे टाकीत हवा भरणे सुरू होते व टाकीतील हवेचा दाब वाढत जातो. त्या हवेच्या दाबामुळे टाकीतील रॉकेल नळीत वर चढून बर्नरमध्ये पोचते. बर्नर अगोदरच तापलेला असल्याने त्या रॉकेलची वाफ होऊन, ती वाफ पुढे सरकून, बारीक छिद्रातून बाहेर पडून पेट घेते व स्टोव्ह सुरू होतो. स्टोव्हची ज्योत बर्नरभोवतीच तयार होत असल्याने बर्नर कायम गरम राहतो व येणाऱ्या रॉकेलची वाफ होऊन स्टोव्ह पेटलेलाच राहतो.

टाकीची किल्ली सैल केली, म्हणजे टाकीतील हवा बाहेर निघून जाते व तिचा दाब वातावरणया दाबाएवढा झाला की, नळीतील रॉकेल खाली उतरते व रॉकेलच्या पुरवठ्याअभावी स्टोव्हची ज्योत विझते.

❑❑❑